Rainer Völkel

Exportgeschäft von A - Z

Springer

Berlin
Heidelberg
New York
Barcelona
Budapest
Hongkong
London
Mailand
Paris
Singapur
Tokio

Rainer Völkel

Exportgeschäft von A -Z

Leitfaden und Fachwörterbuch
Deutsch / Englisch
Englisch / Deutsch

2., neu bearbeitete und erweiterte Auflage

Mit 9 Abbildungen

Springer

Dipl.-Ing. Rainer Völkel

Ketteler Straße 40

40882 Ratingen

ISBN 3-540-67503-5 Springer-Verlag Berlin Heidelberg New York

Die Deutsche Bibliothek - CIP-Einheitsaufnahme
Völkel, Rainer: Exportgeschäft von A - Z : Leitfaden und Fachwörterbuch deutsch-englisch,
englisch-deutsch / Rainer Völkel. - 2., neu bearb. und erw. Aufl. - Berlin; Heidelberg; New York;
Barcelona; Hongkong; London; Mailand; Paris; Singapur; Tokio: Springer, 2001
(VDI-Buch)
ISBN 3-540-67503-5

Springer-Verlag Berlin Heidlberg New York
ein Unternehmen der BertelsmannSpringer Science+Business Media GmbH

© Springer-Verlag Berlin Heidelberg 2001

Satz: Satzerstellung durch Autor
Einband: Struve & Partner, Heidelberg
Gedruckt auf säurefreiem Papier   SPIN: 10693902   68/3020 hu - 5 4 3 2 1 0 -

Inhaltsverzeichnis

1 Zielsetzung

Export ist, mehr denn je, die Tragsäule der deutschen Wirtschaft („Exportweltmeister"). Es gibt bei uns nahezu keine Branche, die nicht im Export aktiv ist. Beteiligte hierbei sind die jeweiligen Vertriebsabteilungen (Verkauf), sowie die sog. „zweite Verkaufsfront":

- Projektierung (Engineering),
- Konstruktion (Entwicklung),
- Einkauf,
- Abwicklung,
- Service.

Von diesen Abteilungen wird erwartet:

- die Kenntnis der wichtigsten Exportabläufe und -zusammenhänge,
- gutes Englisch als globale Geschäftssprache,
- zusätzliches Fachvokabular „zum Thema Export".

Früher konnten sich die Mitarbeiter das entsprechende Wissen in der Praxis („über die Jahre") aneignen. Diese Idylle ist vorbei. Heute (Globalisierung, Vernetzung) muss das Wissen viel schneller akkumuliert bzw. auf den neuesten Stand gebracht werden. Hierbei hilft das „Export-ABC", indem es fachlich und sprachlich die optimale und aktuelle Übersicht zum Thema Export bietet. Es vereint zwei Buchtypen:

- Wörterbuch mit integriertem Fachwissen
- Fachbuch mit direktem Vokabel-Link.

Entscheidend ist, dass alle Exportprojekte einen sehr ähnlichen Verlauf haben – nahezu unabhängig von der Branche. Dieser „klassische" Exportverlauf wird in Kapitel 2 beschrieben: von der Durchführbarkeitsstudie (feasibility study) bis zur Endabnahme (final acceptance, final take over). Über 1200 Kernvokabeln (Deutsch-Englisch) sind in den fortlaufenden Text integriert.

Schematische Darstellungen des Exportprozesses für jeden Hauptabschnitt (Englisch und Deutsch) erleichtern den Überblick und das Verständnis und sind im Punkt 2.5 zusammengefasst.

Mit → und Kleindruck hervorgehoben sind die Querverweise zu zwölf grundlegenden Spezialthemen und andere wichtige Hinweise, im Kapitel 3 behandelt, z.B. Bankgarantien, INCOTERMS, Zahlungsbedingungen, Kompensationsgeschäfte, HERMES-Deckung, Finanzierungen, Entwicklungshilfe, einschließlich der neuesten Entwicklungen auf dem Sektor e-business/e-commerce.

Kapitel 4 enthält das Vokabel- und Sachregister: die alphabetische Auflistung der Kernvokabeln (Teil I: Englisch – Deutsch, Teil II: Deutsch – Englisch). Der besondere Clou: hinter jeder Vokabel ist die Seitenzahl aufgeführt, auf der das Wort im Text erscheint. Auf diese Weise kann man einen Begriff zunächst in der Übersetzung suchen und sich anschließend die Vokabel im eigentlichen Kontext anschauen.

2 Chronologie eines Exportprojektes

2.1
Projektphase – Project Identification

2.1.1
Beginn

Auslösendes Moment für ein Exportprojekt ist – vereinfacht gesagt – ein Bedarfsfall. Das (ausländische) Unternehmen A, das den Bedarf oder Mangel hat, ist aus unserer Sicht bereits

potentieller/künftiger Kunde	■ potential customer, prospective customer

„Unsere Sicht" heißt: Wir sind das (deutsche) Unternehmen B, das eine Lösung für A bieten könnte. Unser Unternehmen B ist somit ein

potentieller/künftiger Lieferant	■ potential supplier, prospective supplier

Der genannte Bedarf/Mangel kann beschrieben sein mit

Mangel an ...	■ shortness of ... shortage of ... short-coming of ... lack of ...
Bedarf an ...	■ needs

Der potentielle Kunde (Unternehmen A) kann sein

→ in Bezug auf die Besitzverhältnisse:

in staatlichem Besitz befindlich	■ state owned
in öffentlichem Besitz befindlich	■ publically owned
in privatem Besitz befindlich	■ privately owned

→ in Bezug auf die Form:

Rechtsträger, Unternehmen	■ entity
Körperschaft, Gremium	■ body
(staatliche) Behörde, Amt	■ (governmental) authority
(staatliche) Stelle	■ (governmental) agency
Ministerium	■ ministry
Stadtverwaltung	■ municipality
Versorgungsunternehmen	■ utility
– Energieversorgungsunternehmen	■ electric utility

→ im Einzelnen kann es sich handeln um:

Gesellschaft	■ company
Fabrik	■ factory
Werk	■ plant
Fabrik, Betrieb	■ works (Plural!)

2.1.2
Projektart

Unser Exportprojekt, also die Lösung des Bedarfsfalls, soll im weitesten Sinne eine Anlage sein, die zu liefern und zu installieren ist. Dazu zählt natürlich auch das Nachrüsten oder die Modernisierung bereits existierender Anlagen. Das heißt, wir unterscheiden

→ der Kunde wünscht eine Erstanlage (an einem neuen Standort):

(völlig) neue Anlage	■ (brand) new facility
Anlage auf der „grünen Wiese"	■ grass root installation, green field site
von Grund auf (neu)	■ from ground up

→ der Kunde besitzt eine Anlage, aber er wünscht jetzt:

Ertüchtigung, Modernisierung	■ retrofitting/refit
Nachbessern, Verbessern	■ refurbishment
aufpolieren	■ to refurbish
Verbessern, Wiederinstandsetzung	■ revamping
ausflicken, wiederherrichten	■ to revamp
Umbau, Umrüsten	■ conversion
Nachrüstung	■ rehabilitation
Modernisierung	■ modernisation

Erweiterung, Vergrößerung, Anbau	▦ extension
ausdehnen, erweitern	▦ to extend
Verbesserung	▦ upgrading
verbessern, verfeinern	▦ to upgrade
Leistung erhöhen	▦ uprating
vergrößern, erweitern	▦ to uprate

2.1.3
Durchführbarkeit

Bevor der potentielle Kunde seine Entscheidung über Art und Umfang des Projektes trifft, führt er im Allgemeinen eine

Durchführbarkeitsstudie	▦ F/S = feasibility study
durchführbar, machbar	▦ feasible

durch, mit deren Hilfe die Realisierbarkeit des Projektes allseitig bewertet wird. Für diese Aufgabe hat ein potentieller Kunde selten im eigenen Hause das notwendige

Potential für Planung/Auslegung	▦ engineering capacity
Sachkenntnis	▦ expertise

Üblicherweise lässt er daher die Studie von einem entsprechenden Unternehmen durchführen, nämlich:

Beratender Ingenieur	▦ consulting engineer
Ingenieurgesellschaft	▦ engineer consultant
Ingenieurgesellschaft (die zur	▦ A/E = Architects & Engineers
Beratung auch die Ausführung	
übernimmt)	

In der Kurzform einfach genannt:

Berater, Consultant	▦ consultant

→ siehe hierzu Kapitel 3.1 „Consulting Engineers"

Eine ähnliche Rolle spielt der

Kaufagent	▦ buying agent
(z.B. die Firma „Crown Agents")	

oder, speziell bei Bauprojekten, der

| Baukostenberater, Projektberater | ■ quantity surveyor |
| Sachverständige, Gutachter | ■ surveyor |

Bei der Durchführbarkeitsstudie werden untersucht:

technische Gesichtspunkte	■ *technical aspects*
Größe, Umfang des Projektes	■ magnitude (of the project)
Zielsetzungen, Vorgaben	■ objectives
erzielbare Leistung, Ausstoß	■ obtainable outcome, obtainable output
Wirkungsgrad	■ efficiency
Größenordnung, Hauptabmessung(en)	■ sizing
Aufbau, Anordnung, Auslegung	■ outline, layout
Fahrweise (der Anlage)	■ operational regime
Standort, Bauplatz	■ site
dazu: auf der Baustelle	on site

→ jedoch: in situ (lat.) = an Ort und Stelle (häufig in technischen Texten verwendet)

Innen-/Außenaufstellung	■ indoor/outdoor installation
Anbindung, Versorgung, Belieferung	■ logistics
(erwartete) Lebensdauer	■ (expected) life time/life cycle
Beeinflussung der Umwelt	■ impacts on environment
kaufmännische Gesichtspunkte	■ *commercial aspects*
Bereitstellung des Budgets (Geldmittel)	■ budget allocation / assignment of budget
Finanzierungs- und Refinanzierungsmöglichkeiten	■ ways of financing and refinancing
(jährliche Netto-)Erlöse	■ (net annual) revenue
verfügbare Arbeitskräfte	■ available manpower / available workforce
Rentabilität, Profiterwartung	■ profitableness, profits
Rentabilität, Rendite	■ R.O.I. = return on investment
Kostendeckungspunkt, Rentabilitätsschwelle	■ break even point

Ist die Auswertung der Studie negativ, so folgt

| Verwerfung (des Projektes), Stornierung, Zurückweisung | ■ rejection (of the project) |

Zurückziehen (vom Projekt)	■ refraining (from the project)

Ist sie unklar bzw. unentschieden, dann folgt voraussichtlich

Verschiebung	■ postponing
Aufschub, Sistierung	■ suspension
Wartestellung	■ (placing on) hold

Bei positivem Ergebnis gibt es:

grünes Licht	■ go-ahead
(wörtl.: Voranschreiten)	
Start-Aufforderung	■ NTP = Notice to Proceed,
	LTP = Letter to Proceed

In letzterem Falle geht es normalerweise weiter mit Kapitel 2.2 Ausschreibung, oder ein Sonderfall liegt vor wie nachfolgend beschrieben.

2.1.4
Sonderfälle

a) Freihandvergabe

Dieser (seltene) Fall bedeutet, dass ein Kunde einem Lieferanten ohne öffentliche Ausschreibung (also ohne Wettbewerb) einen Auftrag *direkt* erteilt. Gründe können sein:
* ein besonderes Vertrauensverhältnis,
* eine maßgeschneiderte, spezielle Anlage,
* extremer Zeitdruck,
* Einfluß der politischen Ebene,
* besondere „Zuwendungen".

→ besondere „Zuwendungen" siehe Thema „Sponsoring" unter Kapitel 2.3.2

Die entsprechende Bezeichnung ist

Freihandvergabe (wörtl.:	■ (pre)negotiated deal
vorab verhandeltes Geschäft)	
Direktvergabe (des Vertrages)	■ direct award (of contract)

b) Folgeauftrag

Ähnlich wie a), jedoch ist zwangsläufig eine gleichartige Vorlieferung vorausgegangen, die dito wiederholt wird.

Folgeauftrag   ■ repeat order

Der vorausgegangene Auftrag ist normalerweise im Zuge eines Ausschreibungsverfahrens platziert worden, hat somit seine Preiswürdigkeit schon unter Beweis gestellt.

Preiswürdigkeit (wörtl.:   ■ competitiveness of prices
Wettbewerbsfähigkeit der Preise)

Dass der reale Preisanstieg zwischen Folgeauftrag und vorherigem Auftrag korrekt berücksichtigt wird, regelt man über eine

Peisgleitklausel   ■ price escalation clause
(Vertrags-)Preisgleitklausel.   ■ cpa-formula = contract price
    adjustment-formula

c) Nachtrag zur Order

Gehört chronologisch ebenfalls zu Kapitel 2.3 (Vertrag).

Ordernachtrag   ■ change order
Bestellnachtrag   ■ variation order

d) Richtangebot

Für die Durchführbarkeitsstudie (oder eine generelle erste Planung) holt sich der Kunde/der Planer häufig ein

Richtangebot   ■ budget(ary) proposal,
    budget quotation
oder ganz kurz gefasst:

Richtpreis(e)   ■ budget price(s)

Die meisten Richtpreise/-angebote dienen wie gesagt einer vorläufigen Information, daher führt nur ein geringer Teil direkt zu einem konkreten Projekt.

e) Schwarze Liste

Sozusagen das Gegenteil der Freihandvergabe ist

auf der schwarzen Liste stehen   ■ to be blacklisted,
    to be on the black list

Steht eine Firma auf einer derartigen Liste, so ist sie aus dem Rennen, bevor es überhaupt begonnen hat. Sie mag zwar „technically qualified" sein, aber sie ist

| (nicht) wählbar | ■ (not) eligible |

wofür es zwei Hauptgründe geben kann:

- eigenes Verschulden
  (Kunde ist durch vorausgegangene Projekte frustriert)
- politische Motive (z.b. Boykott- oder Embargo-Situation)

Die betroffene Firma wird alles daransetzen

von der schwarzen Liste (zu) kommen,	■ to get off the black list
sich (zu) requalifizieren,	■ to become requalified
wieder auf die Bieter-Liste (zu) kommen.	■ to be listed again

Nach Betrachtung dieser Sonderfälle knüpfen wir an den normalen Verlauf wieder an: das Projekt hat grünes Licht erhalten, ist also

| (Projekt) steht bevor | ■ in upstream stage |
| (Projekt) ist (bald) zu erwarten | ■ in prospecting stage |

Mit dem go-ahead wird nun folgerichtig die Ausschreibungsphase eingeleitet.

2.2
Ausschreibungsphase (Tender Procedure)

Die öffentliche Ausschreibung, auch Submissionsverfahren genannt, dient einem (potentiellen) Kunden dazu, klar umrissene Angebote von geeigneten Anbietern zu erhalten. „Klar umrissen" wird die Aufgabenstellung (Lösung des Bedarfsfalls) in den entsprechenden Ausschreibungsunterlagen, sprich Lastenheft.

→ siehe Kapitel 2.2.2

„Geeignet" ist allerdings nicht jeder Anbieter, der sich selbst schon dafür hält. Sehr häufig wird die Eignung erst in einem vorgeschalteten Verfahren überprüft, das heißt, die

Anbieter-Eignung	■ elegibility to bid, qualification to perform, bidder's suitability

soll sichergestellt werden. Und dies geschieht im Zuge der:

2.2.1
Präqualifikation

Vergleichbar der Durchführbarkeitsstudie, die auf das Vorhaben an sich bezogen ist, dient das

Präqualifikationsverfahren	■ prequalification procedure

der Klärung, ob die potentiellen Lieferanten wirklich ausreichend geeignet sind, und zwar technisch und kaufmännisch. Vereinfacht kann man sagen, es geht um

Ruf, Ansehen	■ rating, standing
Profil	■ (company) profile

das die potentiellen Anbieter haben (sollten), es geht also um ihre

Fähigkeit, Eignung, Qualität,	■ qualification, capability

die gestellte Aufgabe voll und ganz zu erfüllen. Zu diesem Zweck werden

Präqualifikationsunterlagen	■ prequalification documents

erstellt. Das besorgt der potentielle Kunde selbst, oder er bedient sich auch hierfür eines Consultants. Der interessierte Lieferant erhält diese Unterlagen (eine Art Fragenkatalog) und hat entsprechend zu antworten. Schwerpunkte sind:

kaufmännische Gesichtspunkte	■ *commercial aspects*
Gesellschaftsform	■ legal status
Gesellschaftssitz	■ legal domicile
Muttergesellschaft	■ parent company
Herkunft und (Firmen-)Geschichte	■ origine and history
Auftragseingang, Auftragsbestand	■ order income / order intake / orders received
Umsatz	■ turnover / sales
Auftragsbestand (in Abwicklung)	■ orders in hand
Gewinn- und Verlustrechnung (G+V)	■ profit and loss accounts

Ertragslage	■ profit situation
Vermögenslage	■ net worth situation
Auszug aus dem Handelsregister	■ copy of registration file
verfügbare Mittel des Unternehmens	■ cashflow
Bilanzübersicht: Aktiva + Passiva	■ balance sheet: assets + equity and liabilities
Jahresbericht	■ annual report
Organisationsplan, -struktur	■ organigram / organisational chart
Personal in Schlüsselposition	■ key personnel
z.B.: Vorsitzender der Geschäftsführung, Vorstandsvorsitzender	■ C.E.O.= Chief Executive Officer (amerik.)
Vorstandsvorsitzender	■ C.H.B. = Chairman of the Board (engl.)
technische Aspekte	■ ***technical aspects***
Referenzliste (vergleichbarer Projekte)	■ reference list (of similar projects)
allgemeine technische Erfahrung	■ general technical experience
hauptsächliches Betätigungsfeld	■ main field of activities
Kerngeschäft	■ core business
(gesamte) Produktpalette	■ (overall) product range
Erfahrung(en) als Lieferant schlüsselfertiger Anlagen	■ experience(s) as turn key contractor
schlüsselfertig (wörtl.: Schlüssel drehen)	■ turn key
Lieferzeiten	■ delivery times
Wartungsfreundlichkeit	■ maintainability

Mitunter wird für die Qualifizierung sehr gezielt vorgegeben ein

Minimum an (bereits) verkauften Einheiten	■ minimum number of sold units
Minimum an vergleichbaren Projekten	■ minimum number of similar projects
Minimum an Betriebsstunden	■ minimum hours of operation

Damit will der Kunde normalerweise vermeiden, dass ihm ein(e)

Prototyp, Neuentwicklung	■ prototype

angeboten wird, der (die) erfahrungsgemäß Schwierigkeiten bereitet.

Er will auf der anderen Seite natürlich auch keine veraltete Technik, sondern

(letzter) Stand der Technik	■ (latest) S.O.A. = state of the art

soll es schon sein. Die abgeschwächte Form dazu lautet

zweckgemäß, zweckgerecht	■ fit for purpose

Wenn alle Fragen zur Präqualifikation befriedigend beantwortet sind, kommt der Interessent schließlich auf die

Liste der möglichen Lieferanten	■ list of potential suppliers
bzw.	
Liste der qualifizierten Anbieter	■ list of qualified bidders
Bieterliste	■ vendor list/bidder list
anbieten	■ to bid
Anbieter	■ bidder, vendor

Der eben beschriebene Weg dorthin kann auch kürzer ausfallen, indem potentielle Lieferanten die bündige Aufforderung erhalten:

Bitte (prä)qualifizieren Sie sich für ...	■ Please (pre)qualify yourselves for ...

Für solche Fälle hat eine Firma ihre

allgemeine (Prä)Qualifikation	■ general (pre)qualification

griffbereit, die sie nach eigenem Gutdünken aufbaut. Diese wird, da ein allgemeines Papier, eingeleitet mit

„an die interessierte Stelle" (wörtl.: wen es betreffen könnte)	■ „to whom it may concern"

Im Gegensatz zur bisher beschriebenen

Präqualifikation	■ prequalification

gibt es auch noch die

nachträgliche Qualifizierung.	■ postqualification

Die normale Präqualifikation ist nämlich an ein Spätest-Datum gebunden:

(verbindliches) Einreiche-Datum	■ due date
fällig, vorgesehen	■ due

verspätet, überfällig	■ overdue

Gelingt es einer Firma, noch nach diesem Datum offiziell einzusteigen, so ist sie

nachträglich qualifiziert.	■ postqualified
(sich) nachqualifizieren	■ to postqualify

Nach all diesen Qualifikationshürden kann nun die tatsächliche Ausschreibung beginnen.

2.2.2
Lastenheft (Tender)

Wie eingangs gesagt, beschreibt das Lastenheft den Bedarfsfall des (künftigen) Kunden, d.h. die Aufgabenstellung des (potentiellen) Lieferanten. Der englische Begriff

Lastenheft,	■ tender documents
Ausschreibungsunterlage(n)	

ist in der Kurzform auch schon im Deutschen eingebürgert:

der Tender.	■ the tender

Genau besehen heißt eigentlich

Angebot, Submission,	■ tender

also dasjenige, was aufgrund der Ausschreibung erst hereinkommt. Aber in der Praxis hat sich „Tender" überwiegend für die Ausschreibungsunterlagen eingebürgert. Verwirrend, aber leider korrekt ist es, dass manchmal „Tender"noch für das tatsächliche Angebot verwendet wird. Ferner wird im Bankwesen der Ausdruck benutzt:

die gesetzlichen Zahlungsmittel	■ legal tender

Gelegentlich heißt das Dokument (und ist damit präziser im Ausdruck):

Anfrageunterlagen, Lastenheft,	■ Enquiry Documents / Inquiry
Pflichtenheft	Documents

Die Herausgabe dieser Unterlagen leitet nun die eigentliche Ausschreibung ein. Vereinfacht gesehen, geht es bei einem Ausschreibungs- bzw. Submissionsverfahren darum, dass jemand eine

Anfrage	■ enquiry, inquiry

startet, und diese wird bedient (beantwortet) durch

Angebote	■ proposals
Angebote; Preisangaben	■ quotations
anbieten	■ to quote

Sprachliche Ergänzung: Quotation hat außerdem noch die Bedeutung von Zitat. Dementsprechend:

| zitieren | ■ to quote |

Eine zitierte Stelle wird im Schriftverkehr wie folgt kenntlich gemacht

| Zitatbeginn | ■ quote |
| Zitatende | ■ unquote |

Nach diesem kurzen sprachlichen Einschub wieder zum Thema. Der oben beschriebene Vorgang für das öffentliche Einholen von Angeboten wird durch verschiedene Ausdrücke wiedergegeben, teils schon in gängiger Abkürzung:

| die öffentliche Ausschreibung (d.h. die Aufforderung zum Anbieten, zur Submission, zum Einreichen von Angeboten) | ■ public tender procedure, bidding procedure, call for tender, itb = ITB = invitation to bid, ifb = IFB = Invitation for bid, itt = ITT = invitation to tender, rfp = RfP = RFP = request for proposal, rfq = RfQ = RFQ = request for quotation, cfb = CfB = CFB = call for bids, icb = ICB = international competitive bidding |
| wettbewerbsmäßig | ■ competitive |

Es gibt auch hier Sonderfälle:

| Ausschreibung, bei der von vornherein nur ein begrenzter Kreis von Anbietern angefragt wird | ■ lcb = local competitive bidding, lib = limited international bidding |

Der Tender (das Lastenheft) ist bei alledem das Kern-Dokument, das sehr häufig später ein integrierter Vertragsbestandteil wird. Er wird fast generell nicht mehr vom (zukünftigen) Kunden sondern, wie schon bekannt, von einem Consultant erstellt, der im Namen des Kunden die Veröffentlichung übernimmt:

einen Tender herausbringen	■ to publish a tender, to float a tender, to release a tender, to solicit a tender
(wörtl.) erbitten, ersuchen	■ to solicit

Die entsprechende Mitteilung erfolgt üblicherweise in der allgemeinen Presse der Stadt/des Landes, in dem der Kunde ansässig ist, so dass unsere Firma in Deutschland auf den entsprechenden Informationsfluss achten muss. (Mitunter geht es über die Fachpresse, oder – selten – durch direktes Anschreiben).

Bisher im Normalfall mit Post- oder Kurierdienst versandt, ist der Tender künftig mehr und mehr via Internet (per e-mail) zu beziehen, also als

elektronisch versandtes Dokument	■ electronic file

oder, allgemein ausgedrückt:

elektronisch lieferbares Dokument	■ e-deliverable

Der Tender/das Lastenheft ist gegliedert in

(verschiedene) Bände, Bücher	■ volumes / files / books

oder, bei nur einem Band,

Hauptabschnitte.	■ sections

Typisch ist ein folgender Aufbau: (Volume/Book/File/Section)

I. Allgemeine Bedingungen	■ I. General Conditions
II. Kaufmännische Bedingungen	■ II. Commercial Conditions
III. Technische Beschreibung(en)	■ III. Technical Specification(s)
IV. Spezielle Festlegungen	■ IV. Special Conditions
V. Zeichnungen, Schemata usw.	■ V. Drawings, Schematics etc.

sowie

Anhänge, Zusätze	■ annexure(s) / exhibit(s) / amendment(s) / appendix/-dices

Das Ganze ist nicht immer kostenlos zu haben, sondern muss häufig gekauft werden. Dazu entrichtet man eine

Gebühr,   ■ fee

die manchmal mehrere hundert Dollar betragen kann. Eventuell muss man vor dem Kauf noch

eine Vertraulichkeitszusicherung   ■ a secrecy agreement

unterschreiben. Oder es wird zumindest verwiesen auf die

Vertraulichkeit.   ■ confidentiality

Hierbei geht es für beide Seiten darum, keine „Geheimnisse" aus der Ausschreibung bzw. aus dem Angebot offenzulegen, d.h. sie verzichten auf unautorisierte

Enthüllung(en)   ■ (unauthorised) disclosure(s)
Verbreitung, Offenlegung(en)   ■ (unauthorised) divulgement(s)

Um früh zu erfahren, wie insgesamt die Resonanz auf die Ausschreibung ist, enthalten die Ausschreibungsunterlagen eine

Empfangsbestätigung.   ■ acknowledgement of receipt

Diese ist zurückzusenden mit der jeweiligen Festlegung

wir beabsichtigen anzubieten   ■ we intend to bid
wir verzichten auf Angebotsabgabe   ■ we are declining from bidding
Abstand nehmen von ...   ■ to decline from ...

Die Gründe für „declining" bzw. allgemein ausgedrückt

abgeneigt sein (von der Teilnahme) ■ unwillingness (to participate)

sollten handfest sein, sonst gibt es kaum noch eine Aufforderung für spätere Projekte.

Der Tender – die „Bibel" für unsere Angebotserstellung – ist im Gegensatz zu dieser keineswegs fehlerfrei. Wir müssen ihn gewissenhaft

überprüfen, (genau) lesen   ■ (to) review

in Bezug auf

Vollständigkeit,   ■ completeness
Ungenauigkeiten,   ■ inaccuracies
Auslassungen,   ■ omissions

Widersprüche,	■ contradictions
Unstimmigkeiten,	■ discrepancies
Doppeldeutigkeit, Mehrdeutigkeit	■ ambiguity
(Druck)Fehler	■ (typing) errors

Diese mahnen wir zur Klärung beim Herausgeber an, sofern er sich nicht von selbst korrigiert: Er veröffentlicht als Ergänzung oder Korrektur zum Tender ein(en)

| Nachtrag, Addendum, | ■ addendum |

bzw. meistens mehrere, also die

| Nachträge, Addenda. | ■ addenda |

→ Es wird im Englischen wie im Deutschen häufig vergessen, dass dies ein lateinisches Wort ist, mit der Pluralbildung auf -a. Also liest man oft falsch „die Addendas" oder sogar die „Addendums".

Der Tender (das Lastenheft) ist also erst komplett, wenn alle zugehörigen Addenda veröffentlicht sind. Die per Addendum mitgeteilten Änderungen/Korrekturen heben etwas vorher gesagtes auf:

| ersetzen, an Stelle von ... treten. | ■ to supersede |
| ersetzen | ■ to replace |

2.2.3
Angebotserstellung

Für die eigentliche Bearbeitung zunächst am wichtigsten ist die Festlegung, *wann* die Angebote einzureichen sind:

Abgabedatum (für die Angebote)	■ bdd = bid due date,
	tdd = tender due date,
	tcd = tender closing date
	in der Praxis verkürzt zu:
	td = tender date

Der Ausdruck „Tender Date" ist auch im Deutschen schon geläufig. Um den Angebotszeitraum zu strecken, verlangen die meisten Anbieter (und sei es prophylaktisch) eine

Verschiebung (des Abgabedatums)	■ (tender date) extension
Verlegung (des Abgabedatums)	■ postponing (of td)
beantragen, ersuchen	■ to request, to call for

Selbst, wenn im Tender die Formulierung droht:

„Eine Verschiebung des Abgabedatums wird auf keinen Fall gestattet".	■ „No td extension will be granted at all!"
bewilligen, gewähren	■ to grant

so ist doch eine einmalige Verschiebung fast schon die Regel, mitunter gelingen mehrere. Irgendwan erreicht man aber das

    Schlussdatum, wörtl.: Abtrenndatum   ■ cutoff date

bzw. die

    endgültige, verbindliche, letzte Frist.   ■ deadline

[Der drastische Ausdruck stammt historisch gesehen aus der Gefängnispraxis: bei Überschreiten dieser Linie wurde sofort geschossen.]Für uns heißt es, das Abgabedatum (Tenderdate) ist unwiderruflich fixiert. Nun müssen wir rechtzeitig

(ein Angebot) vorbereiten	■ to prepare (an offer)
(ein Angebot) zusammenstellen	■ to assemble (an offer)
(ein Angebot) erstellen, zusammenstellen.	■ to compile (an offer)

Angebotsaufbau

Unser Angebot ist die technische und kaufmännische Beschreibung der Problemlösung, die unser Unternehmen dem künftigen Kunden anzubieten hat. Der

    Angebotsaufbau   ■ extent of offer / structure of offer

ist grob gesagt wie folgt:

a) Vom Anbieter selbst erstellt:

Begleitbrief, Anschreiben	■ covering letter, quote letter
technische Beschreibung(en)	■ technical specification(s)

b) Vom Anfragenden mit dem Tender vorgegeben:

Blätter zur techischen Beschreibung	■ data sheets / requisition sheets, edrs = equipment data requisition sheets
Preisübersichtsblätter	■ price sheets
Erklärungen (evtl.)	■ declarations

c) juristische Formalien:
(projektgebundene) Handlungs-   ■ PoA = Power of Attorney
vollmacht
Bietungsgarantie   ■ bid bond
eidesstattliche Versicherung   ■ affidavit

Ein Angebot ist vielschichtig; für seine Bewertung müssen daher alle Aspekte deutlich genug beschrieben sein. Diese Aufgabe erfüllt summarisch bereits der Begleitbrief (covering letter), eigentlich das Kernstück des Angebotes. Die übrigen Papiere runden das Ganze ab, sind eine optische Stütze.

Der *Begleitbrief* (covering letter) sollte enthalten:

Technische Beschreibungen

    Liefer- und Leistungsumfang   ■ *scope of supply and services*

wobei Lieferung allgemein gesagt umfasst

    das Liefergut,   ■ hardware, goods

während Leistungen z.b. sind

    Transport   ■ delivery
    Montage   ■ erection
    Inbetriebnahme   ■ commissioning
    Probeläufe   ■ trial runs
    Schulung   ■ training
    Dokumentation   ■ documentation

    Liefergrenzen   ■ *limits of supply*
    Liefergrenzen einer großen   ■ *b.l. = battery limits*
    Baugruppe
    Lieferausschlüsse   ■ *exclusions from supply*
    Ausnahmen   ■ *exceptions*
    Abweichungen   ■ *deviations (from tender)*
    (von der Ausschreibung)
    Alternativen   ■ *alternatives*
    Optionen, Wahlmöglichkeiten   ■ *options*
    Garantie (-Werte)   ■ *guarantee (values)*

„Garantie" ist vertragsjuristisch ungünstig. Besser statt dessen:

Gewährleistung(en) ■ *warranty, warranties*

Wir müssen je nach Situation gewährleisten:

Leistung, Erzeugung	■ performance
Wirkungsgrad	■ efficiency
Leistung	■ capacity
Volumen, Menge	■ quantity/volume
Durchsatz, Ausstoß	■ throughput
Lärmabgabe	■ noise emission
Schadstoffausstoß	■ waste emission
Verfügbarkeit	■ availability

Dauer der Gewährleistung	■ *warranty period (with latest date)*
(mit Spätestfrist)	
Lieferzeiten, Lieferplan	■ *time schedule*
	■ *time scale*
	■ *delivery schedule*
	■ *delivery time(s)*

Zugehörige besondere Begriffe sind

Vorlaufzeit	■ lead time
Teile mit langer Lieferzeit	■ long lead items
(großer Vorlaufzeit)	
Fertigstellungszeit	■ completion time
(3 Monate) nach Auftragserhalt	■ (3 months) A.R.O. = after receipt of order
Liefergarantie innerhalb vorgegebener Zeit	■ call-out guarantee
wörtl.: Zeit ist das Wesentliche, d.h. mit der Lieferzeit steht und fällt der Vertrag!	■ time is of the essence

Kaufmännische Beschreibungen

Lieferstellung, Lieferbedingung(en) ■ *terms of delivery (TOD)*

Entscheidend bei der Lieferstellung ist der

Gefahrenübergang	■ transfer of risk
Besitzübergang	■ transfer of title, transfer of property

Die Definitionen dazu sind in den sogenannten INCOTERMS verbindlich geregelt.

→ siehe hierzu Kapitel 3.2 „INCOTERMS"

Zahlungsbedingungen ■ *TOP = terms of payment*

Sie legen Art und Zeitpunkt der Zahlungen fest. Bei Konsumgütern gilt meist

Zahlung bei Lieferung ■ *c.o.d. = cash on delivery*

Bei Investitionsgütern (Liefern und Errichten einer Anlage) gilt häufig

x % Anzahlung	■ *x % down payment*
y % pro Lieferrate	■ *y % pro rata delivery*
z % nach Fertigstellung	■ *z % after completion*

Statt „pro Lieferrate" (wenn also tatsächlich etwas geliefert wird) kann man auch

Zwischenzahlungen ■ *interim payments*

vereinbaren, wenn zwar noch nichts zu liefern ist, aber ein wichtiger Zwischenschritt erreicht wurde (sei es Halbe Produktionszeit, oder Eintreffen der Rohmaterialien o.ä.).

Eine Besonderheit ist verlängertes Zahlungsziel:

hinausgeschobene Zahlung(en) ■ *deferred payment*

→ siehe hierzu Kapitel 3.3 „Zahlungsbedingungen"

Die Abwicklung von Zahlungen erfolgt oft mittels eines

Akkreditiv ■ *L C = Letter of Credit*

Dieses kann sein

(un)bestätigt	■ *(un) confirmed*
(un)widerruflich	■ *(ir)revocable*
(nicht) begebbar	■ *(non)negotiable*
(un)teilbar	■ *(in)divisible*
(nicht)übertragbar	■ *(non)transferable*

Bei verlängertem Zahlungsziel gibt es entsprechend

Akkreditiv mit hinausgeschobener Zahlung	■ *Usance L/C, deferred payment credit*

→ siehe hierzu Kapitel 3.4 „Dokumentenakkreditiv"

Sofern wir eine Finanzierung anbieten ergeben sich

Finanzierungsbedingungen	■ *financing conditions*

Zwei klassische Instrumente der Exportfinanzierung sind

Bestellerkredit, Kundenkredit, Käu-ferkredit, (gebundener) Finanzkredit	■ buyer's credit
Lieferantenkredit, Exporteurkredit	■ supplier's credit

Zugehörige Begriffe sind

tilgungsfreie Zeit	■ grace period
wörtl.: Gnade, Milde	■ grace
Zinssatz	■ rate of interest
Laufzeit	■ running period
(Rückzahlungs)Rate	■ instalment
z.b. halbjährliche Rückzahlungsrate	■ half-year instalment

Als Alternative zur Finanzierung kann in Frage kommen

(Finanzierungs)Leasing	■ leasing

→ siehe hierzu Kapitel 3.5 „Exportfinanzierung"

Mitunter wünscht der Kunde

Kompensationsgeschäft(e)	■ *compensation business*

Die bekanntesten Formen hierfür sind

Gegenhandel	■ countertrade / counterpurchase
Rückkauf	■ buyback
Ausgleich, Gegenforderung	■ offset
Tauschhandel	■ barter trade
Verrechnung	■ clearing
BBÜ = bauen/betreiben/übergeben	■ B.O.T. = build/operate/transfer

oder

bauen/betreiben/besitzen	■ B.O.O. = build/operate/own

oder

bauen/betreiben/besitzen/warten	■ B.O.O.M. = build/operate/own/maintain

Diese ganzen beliebigen Möglichkeiten werden mit der Kurzform

B.B.Ü.-Variante „X"   ◼ BO$_X$

bezeichnet, das X steht für die noch festzulegende Variante.

→ siehe hierzu Kapitel 3.6 „Kompensationsgeschäfte"

Preise   ◼ *prices*

Die Preise sollen alle Gegebenheiten und Risiken unseres Angebotes erfassen. Dies wird im nachfolgenden Abschnitt „Angebotsfreigabe" beschrieben. Preise können gestellt sein als

Gesamtpreis (über alles)   ◼ overall price / lump sum price
Preisaufgliederung (Detailpreise)   ◼ price break down
Preisstaffelung   ◼ price scaling
Preis/Mengengerüst   ◼ B/Q = BOQ = Bill of Quantities
Festpreis   ◼ firm price / fixed price
separat ausgewiesener (Einzel-)Preis ◼ take-out price
[als Bestandteil des Gesamtpreises]
Gleitpreis   ◼ floating price

Bei Gleitpreis muss angegeben werden die zugehörige

Preisgleitklausel   ◼ price escalation clause,
                                        price adjustment formula

Durch sie werden Preissteigerungen (Material und Löhne) erfasst, die zwischen dem Angebotsdatum und späteren Vertragsabschluss wirksam geworden sind. Deshalb heißt das, schon vorausschauend,

Vertragspreisgleitklausel   ◼ CPA (-Clause) = Contract Price Adjustment (Clause)

(preisliche) Ausschlüsse   ◼ *exclusions (from price)*

So wie man zur Technik die Liefergrenzen definiert, wird auch beim Preis dasjenige ausgegrenzt, was in der Pflicht des Kunden liegen soll:

Steuern   ◼ taxes
Abgaben   ◼ levies
Auflagen, Strafsummen   ◼ fines
Zölle   ◼ (customs) duties
Gebühren   ◼ fees
(Zoll)Abfertigung   ◼ (customs) clearance(s)

(Import)Lizenzen	■ (import) licences
Auflagen, Gebühren	■ charges
Steuern	■ assessments
oder Einschätzung, Bewertung	assessment

(Preis)Vorbehalt	■ *reservation clause*

Wenn wir ein Produkt bereithalten, das wir verschiedenen Interessenten anbieten, müssen wir das kenntlich machen:

vorbehaltlich Zwischenverkauf	■ prior sales reserved
	subject to prior sales
vorausgehend, vorherig	■ prior

Gültigkeit(sdauer), Bindefrist	■ *validity (period)*

Unser Angebot hat eine feste Gültigkeit. Ihre Dauer ist meist schon im Tender vorgegeben. Normal sind 90 Tage. Dies entspricht dem erwarteten Zeitraum von der Angebotsauswertung bis zur Vertragserteilung. Überzogen sind also Forderungen nach 180 Tagen oder gar darüber.

Technische Beschreibung – Technical Specification

Die *technische Beschreibung (technical specification)* soll eine detaillierte Darstellung des angebotenen Produktes/der angebotenen Anlage sein. Sie ist in diverse Kapitel gegliedert, die etwa lauten können:

(Maschinen)Technischer Teil	■ mechanical part
Elektrotechnischer Teil einschließlich Steuerung	■ electrical part including controls
Bauteil	■ civil works
Zeichnungen/Balkendiagramme	■ drawings/bar charts
Fließschemata/Kurvenblätter	■ flow sheets/curves
Kataloge/Druckschriften	■ brochures/pamphlets
Ersatzteile	■ spare parts
Spezialwerkzeuge	■ special tools
usw.	■ etc.

Die *tenderseitigen Vorgaben (data sheets, price sheets)* dienen dem Kunden/dem Consultant zur raschen Übersicht bei der Auswertung der unterschiedlichen Anbieter. Dazu müssten sie komplett und gewissenhaft ausgefüllt werden, was jedoch selten gelingt.

| wird nachgereicht | ■ (will be given) later |

ist ein typischer Notbehelf für unbequeme Fragen. Bei verfehlter Fragestellung genügt eine Abkürzung:

| trifft nicht zu, | ■ n.a. = not applicable |

oder bei Zweifeln:

| bitte klarstellen/anweisen | ■ tba = 1.) to be advised |
| Einigung muss noch erzielt werden | ■ tba = 2.) to be agreed |

Denkbare *Erklärungen (declarations)* sind z.B. solche über

| Qualitätssicherung (des Lieferanten) | ■ QA = quality assurance (of the supplier) |
| Qualitätsüberwachung | ■ QC = quality control |

Der Anbieter muss deutlich machen, wie er von der Konstruktion bis zur Endabnahme diese Belange verankert hat. Andere Vereinbarungen können Boykottklauseln, spezielle Geheimhaltungsklauseln oder sonstiges betreffen. Ein Querschnitt der genannten Fragen kann niedergelegt sein in einem

| Fragebogen für den Lieferanten | ■ vendor question form |

Die projektgebundene *Handlungsvollmacht (Power of Attorney = PoA)* ist ein notwendiges Dokument, mit dem belegt wird, dass diejenigen, die später die Verhandlungen führen und den Vertrag unterzeichnen sollen, hierzu auch berechtigt sind. Die PoA wird für jeden Beteiligten einzeln ausgestellt. Unterzeichnet wird sie von zwei Prokuristen (Handlungsbevollmächtigten).

| Prokurist mit Gesamtprokura | ■ proxy with general PoA |

Danach muss die Unterschrift der Prokuristen von einem Notar beglaubigt werden. Die Echtheit von Unterschrift und Dienstsiegel sowie Befugnis des Notars wiederum müssen vom Präsident des Landgerichts bestätigt werden. Das Ganze zusammen muss an das (General)Konsulat desjenigen Landes geschickt werden, in welches wir anbieten wollen. Dort erfolgt die Bestätigung, dass der Landgerichtspräsident als ein solcher gezeichnet hat.

| durch Botschaft/Konsulat authentisiert | ■ authenticated by the embassy/ consulate |

Letztlich wird (aber erst, wenn der Vertrag selbst kurz bevorsteht) im Land des Kunden vom Außenministerium bestätigt, dass der (General)Konsul in Deutschland rechtens seines Amtes waltet. Die Höhe der für eine PoA notwendigen Gebühren dürfte sich nach alledem schon von selber verstehen.

Eine *Bietungsgarantie* wird in der Mehrzahl der Ausschreibungsverfahren verlangt. Die verschiedenen Ausdrücke hierfür sind

Bietungsgarantie	■ bid bond,
	bid guarantee,
	tender guarantee,
	tender deposit,
	participation bond,
	participation guarantee
Verbindlichkeit, Verpflichtung	■ bond

Der englische Begriff Bid Bond wird auch im Deutschen überwiegend angewendet. Die Bietungsgarantie/der Bid Bond muss von jedem Anbieter bis spätestens Tenderdate erstellt werden. Der Sinn des Ganzen ist es, die Anbieter an ihre Verpflichtungen aus dem Angebot zu binden, insofern bei Nichteinhaltung oder vorzeitiger Rücknahme des Angebotes die Garantie vom Kunden gezogen und einbehalten wird. Der Betrag liegt meist bei 5% (maximal 10%) vom Gesamtwert des Angebotes. Wir unterscheiden (bei Garantien allgemein):

| direkte Garantien, direkte Avale | ■ direct bonds |
| indirekte Garantien, indirekte Avale | ■ indirect bonds |

Bei ersteren ist eine inländische Bank, bei der letzteren zusätzlich eine Bank im Ausland (Korrespondenzbank) eingeschaltet, wobei wesentlich höhere Gebühren entstehen.

Bankgebühr, Provision	■ handling fee,
	management fee
Bereitstellungsgebühr	■ commitment fee

Eine Besonderheit für Anbieter ist es, ihren Bid Bond gegen

| ungerechtfertigtes Ziehen | ■ unauthorised drawing, |
| | unfair calling |

zu versichern. Etwa, wenn wir mit Preisvorbehalt anbieten, obwohl (normalerweise) eine feste Angebotsgültigkeit vorgeschrieben ist.

→ siehe hierzu Kapitel 3.7 „Bankgarantien"

Eine *eidesstattliche Versicherung (affidavit)* wird gelegentlich gefordert, und zwar, um Bestechungen vorzubeugen. Der Anbieter versichert demnach, dass er keinerlei

Geschenk	■ gift
Anreiz	■ incentive, inducemen
Belohnung	■ reward
Schmiergeld	■ bribe
Vorteil	■ advantage
Provision, Handgeld	■ commission
Vergütung	■ kickback

präsentieren wird oder bloß in Aussicht stellt an irgendeinen mit der Vergabeentscheidung direkt oder indirekt Beteiligten.

→ siehe Unterthema „Sponsoring" in Kapitel 2.3.2

Zur Abrundung eines Angebotes gehören noch einige Details. Jeder Anbieter fügt unaufgefordert seine

AGB = Allgemeine Geschäftsbedingungen	■ GTC = General Terms and Conditions

oder einfach nur

AGB (s.o.)	■ T&C's = Terms and Conditions

dem Angebot bei, was insofern unnütz ist, als der Kunde automatisch seine eigenen Bedingungen entgegenhält. Diese Einreichung der AGB ist somit etwas problematisch, auf jeden Fall kein Freifahrschein. Gefordert wird vom Kunden in den meisten Fällen hingegen, dass ein komplettes Tenderexemplar (inklusive Addenda) beigefügt ist,

abgezeichnet auf jeder Seite	■ initialled on each page
Initialien, Anfangsbuchstaben	■ initials

Die Abgabe des Angebotes, sofern sie noch konventionell erfolgt, soll möglichst neutral sein, bevorzugt wird

(neutral) versiegelter Umschlag	■ (neutral) sealed envelope
einwickeln, verhüllen	■ to envelop

Angebotsfreigabe

Unser Angebot, das wir wie oben beschrieben zusammenstellten, zielt zunächst auf die Auftragserteilung; aber sein eigentlicher Erfolg liegt nur darin, wie gut wir mit diesem Auftrag dann „leben" können. Das bedeutet vorrangig die realistische Erfassung und Bewertung der denkbaren Risiken des Geschäftes, nachrangig folgen die feststehenden Einschlüsse sowie Gewinn- und Verhandlungsspanne. Risiken im Exportgeschäft sind bekanntlich abweichende Rechts- und Handelsbräuche des Auslands, politische Risiken, wirtschaftliche Risiken, Währungsrisiken, Transferrisiko, Transportprobleme, Sprachprobleme, etc.

Sofern Risiken nicht mit Kommentaren und Ausschlüssen bereinigt werden, müssen sie sich demnach im Preis widerspiegeln. Alle diese Probleme sollen durch die

    Angebotsfreigabe   ■ approval of tender

abschließend geregelt werden. Kurz gesagt dient eine Angebotsfreigabe der „quantification of risks" – Risikoabschätzung, -bewertung, die mit unserem Angebot einhergeht und die sich im endgültigen Preis niederschlagen muss. Bezüglich der Preisbildung werden hierzu untersucht/überprüft:

Materialkosten	■ material cost
Herstellkosten	■ production cost
Gemeinkosten	■ overheads
Transportkosten	■ transportation cost
Versicherungskosten	■ insurance cost
Zölle und Steuern	■ duties and taxes
Avalgebühren	■ cost for bonds
(Kosten für Bankgarantien)	
Finanzierungskosten	■ financing cost
Akkreditivgebühren	■ L/C cost
(wörtl: negative Zinsen) Zinsvorteile	■ negative interests
aus erhaltenen Anzahlungen	
Barterkosten	■ barter cost
(Kompensationsgeschäft)	
HERMES-Kosten	■ HERMES cost

→ für die Abdeckung wirtschaftlicher und politischer Risiken: siehe Kapitel 3.11

Gebühren für verlängertes Zahlungsziel	■ usance charges
Abdeckung des Währungsrisikos (Wechselkursrisikos)	■ coverage of currency exchange risk
Abdeckung des Inflationsrisikos	■ coverage of inflation risk
UV = Unvorhersehbares	■ contingencies (of ...)
UV bezüglich Projekt	■ contingencies of project
UV bezüglich Kunde	■ contingencies of customer
UV bezüglich Gesetzgebung	■ contingencies of legislation
UV bezüglich Transport	■ contingencies of transport
UV, Imponderabilien	■ unforeseenable(s) / uncertainties
Einschlüsse für ...	■ allowances for ...
Lizenzgebühren	■ royalties
Provision für örtliche Vertretung	■ agent commission
Verpflichtungen, die sich aus der Anbieterkonstellation ergeben	■ obligations resulting from the bidding structure

→ siehe hierzu den folgenden Abschnitt „Anbieterkonstellation"

Obergrenze (bei Preisgleitung)	■ ceiling / treshold

und sonstige Faktoren, die noch projektspezifisch hinzukommen. Schließlich die entscheidenden Positionen:

Gewinnspanne	■ profit margin
Verhandlungsspanne	■ negotiation margin
Marge, Spanne	■ margin

Anbieterkonstellation

Bisher wurde der Eindruck erweckt, als würde unsere Firma das gedachte Projekt ganz alleine realisieren. Das ist aber sehr selten der Fall. Sofern wir tatsächlich als

Einzel-Anbieter (d.h. ohne Beteiligung von Partnern)	■ sole bidder

auftreten, werden wir zumindest den einen oder anderen

Unterlieferant	■ subsupplier
Sub-Unternehmer	■ subcontractor

benötigen, nämlich für diejenigen

(Unter)Baugruppen,	■ (sub)components

die wir nicht selbst herstellen können. Dabei sollten in jedem Falle zwei Klauseln vereinbart werden:

Subsidiärklausel	■ *back-to-back clause*
(wörtl.:) Rücken an Rücken	■ back-to-back

Diese Klausel besagt, dass alle Bedingungen des (späteren) Hauptvertrages (momentan des Tenders) auch voll auf den Unterlieferanten durchgeschaltet werden.

Wenn-Dann-Klausel	■ *if and when clause*

Sie besagt, dass wir den Unterlieferanten nur dann zu bezahlen brauchen, wenn wir selbst das Geld vom eigentlichen Endkunden erhalten haben.

Bei komplizierten Projekten müssen sich mehrere Partner zusammenschließen, d.h. man formt ein

Konsortium, Gemeinschaft	■ consortium
die Konsortien	■ (lateinisch, daher Plural:) consortia

oder den berühmten

Joint Venture (es gibt keinen	■ joint venture
korrekten deutschen Ausdruck)	

Im Deutschen existiert noch der Begriff ARGE = Arbeitsgemeinschaft. Diese wäre sinngemäß wiederzugeben mit

Arbeitsgemeinschaft	■ collaboration agreement

Alle Ausdrücke sind leider etwas schwimmend, speziell der viel zitierte joint venture sagt im Grunde alles und nichts aus. Wörtlich heißt „Joint Venture" gemeinsames Wagnis, Risiko. Der Begriff stammt aus dem amerikanischen Recht und beschreibt eine Gemeinschaftsgründung zweier oder mehrerer Gesellschaften, die ungefähr gleichberechtigt sind. Merkmal: es ist eine Gesellschaft auf Zeit, ad hoc gebildet, rein projektgebunden.

Ähnlich ist das beim Konsortium, dort wird aber ausdrücklich ein hauptverantwortlicher

Führer, Federführer	■ leader

bestimmt. Die Firma, die diesen Part ausübt, beansprucht dafür eine

Federführungsgebühr.	■ fee for leadership

Weitere Ausdrücke für den Leader sind

Federführer	■ prime bidder / principal / project leader / lead manager / pilot

Die Führungsaufgabe selbst kann bezeichnet werden mit

die Führung des Projektes übernehmen	■ to pilot the project, to front the project

Die einzelnen Teilnehmer sind, allgemein gesprochen,

Konsortiumsmitglied	■ member of a consortium, party to a consortium

Bei ausdrücklicher Benennung eines Führers handelt es sich um ein

offenes Konsortium.	■ open consortium

Es kann aber auch ein

stilles Konsortium	■ silent consortium

gebildet werden, dann gelten die

Konsortialvereinbarung(en)	■ consortium agreement(s)

im sog. Innenverhältnis, aber dem Kunden gegenüber tritt offiziell nur einer in Erscheinung. Der kann sich bezeichnen als

GU = Generalunternehmer	■ MC = main contractor GC = general contractor MC = managing contractor

und seine Partner wären (offiziell) zu bezeichnen als

benannter Subunternehmer stiller Konsorte (sinngem.)	■ nominated subcontractor ■ named subcontractor

„Contractor" greift dem chronologischen Ablauf etwas vor, denn der Vertrag (contract) soll ja erst geschlossen werden.

Nachdem zwischen den Partnern die

Aufteilung der Arbeit Aufteilung des Arbeitsumfangs	■ split of work ■ DOW = division of work

geklärt ist, beispielsweise durch Festlegung der

Teilpakete   ■ WP = work packages

muss man besonders sorgsam sein bei Definition der

Schnittstellen (wörtl.: Punkte,   ■ tie-in-points
wo eingebunden wird)

zwischen den einzelnen Lieferumfängen; nur dann ist eine reibungslose
Projektzusammenarbeit möglich. Bei dieser Aufteilung der Zuständig-
keiten erhält der letzte oft nur die summarische Lieferbeschreibung

alles Übrige, der Rest   ■ BOP = Balance of Plant
(wörtl.: der Ausgleich der Anlage,
der fehlende Teil)

Weitere zu klärende Punkte bei Konsortial-Bildungen (analog beim
Joint Venture) sind

Exklusivitätsabrede (es sollte keiner   ■ exclusivity
in weiteren Konsortien für dasselbe
Projekt ins Rennen gehen)
Schiedsgerichtsklausel   ■ arbitration clause

Besonders dringend zu beachten (häufig schon im Tender für solche
Fälle gefordert):

gesamtschuldnerische Haftung   ■ joint and several liability
(jeder Konsorte ist aufs Ganze
verpflichtet!)

bzw. meist wird formuliert

gesamtschuldnerisch haftbar   ■ jointly and severally liable
(wörtl.: gemeinsam und einzeln
verantwortlich)

Dieser „Tatbestand" ergibt sich beim offenen Konsortium übrigens automatisch, er wird aber nicht immer in voller Konsequenz bedacht! Deshalb im Klartext: Erfüllt im späteren Betrieb die Gesamtanlage ihre Leistung deshalb nicht, weil z.B. nur *eine* Komponente versagt, so muss das
Konsortium als ganzes reagieren und dem Kunden gegenüber in die
Pflicht treten. Anschließend klären die Konsorten intern die Beglei-
chung der entstandenen Kosten nach dem Verursacherprinzip.)

Der Extremfall tritt ein, wenn ein Konsortialpartner im Verlauf des Projektes „untergeht": der (oder die) verbleibende(n) muss (müssen) das Gesamtprojekt zu Ende bringen! Die ausgefallene Komponente rechtzeitig aus anderer Quelle zu beziehen kann zum Riesenproblem werden! Der Normalfall ist natürlich (Binsenweisheit), dass sich die Konsortialpartner gut genug kennen, so dass obiges Horrorszenario gegenstandslos bleibt.

Bei Angebot auf konsortialer Basis wird entsprechendes

| Konsortialpapier | ■ consortium paper |

gedruckt (mit den Logos der beteiligten Firmen), das für das Angebot benutzt wird. Die Erstellung des Angebotes wird durch

| Abstimmungsbesprechungen | ■ co-ordination meetings |

der Teilnehmer beim Konsortialführer vorbereitet.

Angebotsübergabe

Der eingangs erwähnte Tenderdate (Abgabedatum) legt nicht nur Ort und Datum, sondern sogar Uhrzeit genau fest, wo

| Übergabe, Einreichung | ■ submission |

der Angebote zu erfolgen hat. Wer den Termin, und das können Minuten sein, überzieht, wird bedingungslos abgewiesen.

| (Annahme wird) verweigert | ■ (acceptance will be) refused |
| (Angebot wird) zurückgewiesen | ■ bid will be rejected |

Sinn dieser strikten Handhabung ist es, denkbare Manipulationen zu unterbinden. Zurückweisung erfolgt auch, wenn ein Anbieter die korrekte Eröffnung (das Herauslegen) seiner Bietungsgarantie nicht geschafft hat, sofern eine solche zu erstellen war. (Die „PoA" oder ein „affidavit" dürfen schon mal kurzfristig nachgereicht werden).

Je nach Bedeutung (oder Zeitnot) werden die Angebote

| von Hand übergeben | ■ hand carried |

oder sie werden

| per Kurierdienst zugesandt | ■ couriered |

zugesandt durch Luftkurier.   ■ mailed by air carrier

Internationale Luftkurierdienste sind (ohne Wertung der Rangfolge):

- DHL
- TNT
- SKY PAK
- WORLD COURIER
- PRONTO u.a.

Es gibt aber neuerdings, analog zur Verteilung der Tenderdokumente auf elektronischem Weg, die Einreichung des Angebotes ebenfalls als

elektronisch versandtes Angebot	■ electronic quotation
elektronisch versandtes Dokument	■ electronic file
elektronisch lieferbares Dokument	■ e-deliverable

Das gilt in jedem Fall für die Technischen Unterlagen (die ja meist sehr umfangreich sind). Der Kunde stellt eine

sichere (elektronische) Mail Box	■ secure electronic Mail Box

zur Verfügung, sowie

Kennwort	■ password
Benutzer-Name	■ user id

Selbst die Preis-Seiten, sozusagen das Heiligtum unseres Angebotes, werden demnächst auf diesem Weg übermittelt werden.

→ siehe Kapitel 3.8 „e-business"

Bisher ist hierfür noch Post- oder Kurier-Übermittlung vorgeschrieben, um die Vertraulichkeit sicherzustellen. Aber je weiter die

Verschlüsselung (von Netznachrichten)	■ encryption

das heißt allgemein gesagt die

Sicherungstechnik (im Netzwerk)	■ security technique

verbessert wird, um so normaler wird es werden, auch das Preisangebot durch das Internet zu geben.

Ob nun konventionell oder via Internet: Die Abgabe der Angebote beim Kunden (oder seinem beauftragten Consultant) ist ein anonymer Vorgang, es sei denn die gelegentliche Ausnahme ist vereinbart.

Verlesung der Angebote	■ bid readout
öffentliche Verlesung	■ public reading
Eröffnung in Gegenwart der Anbieter	■ public opening

Jeder Anbieter darf hierzu mit maximal zwei Repräsentanten erscheinen. Es werden dann die Namen der Anbieter und ihre jeweiligen Gesamtpreise verkündet.

2.3 Verhandlungsphase – Negotiations

2.3.1 Auswertung

Nach Erhalt der Angebote führt der Kunde (und/oder sein beauftragter Consultant) zunächst eine

| Vor-Auswertung | ■ pre-evaluation |

durch, also eine Grobsichtung der Angebote. Sie sollten

| (die Erwartungen) erfüllen | ■ fulfill (the expectations) |

bezüglich Preisniveau, Lieferzeit, eventueller Finanzierung etc. und gleichzeitig sollten sie

im Rahmen von ...	■ in line with ...
in Übereinstimmung mit ...	■ in compliance with ...
in Einklang mit ...	■ conforming to ...
eingehend auf (den/die Ausschreibungsanforderungen)	■ responsive to (the tender requirements)

sein, also Leistung, Qualität, Vollständigkeit usw. erfüllen. Meistens ist auch eine Mindestzahl von Anbietern gefordert, damit von echtem Wettbewerb die Rede sein kann. Wenn einer oder womöglich mehrere der vorgenannten Punkte unbefriedigend ausfallen, kann der Kunde das Verfahren stoppen und ein

| erneutes Ausschreibungsverfahren | ■ rebid / retendering |

einleiten, d.h., die ganze Prozedur muss noch einmal von vorn beginnen. Dies ist zum Glück ein seltener Fall. Normalerweise sind die

| Zielpreise | ■ target prices |

in etwa eingehalten, und es gibt genügend

Mitbewerber, Wettbewerber	■ competitors

Hinweis: Verpönt ist der vertraute alte Ausdruck „Konkurrent" (dies wäre eher mit „rival" zu übersetzen). Das ganze wird heute mehr sportiv ausgedrückt:

Wettbewerb	■ competition
im Wettbewerb stehen	■ to compete

Es kann also nun die/der eigentliche, gründliche

Auswertung	■ evaluation
Vergleich	■ comparison

folgen, wo die Spreu vom Weizen getrennt wird. Diejenigen Anbieter, die nicht befriedigen, sei es, sie sind zu

teuer	■ expensive
unzureichend	■ poor
nicht eingehend	■ non responsive (to tender)
(auf die Ausschreibung)	

erhalten die freundlich formulierte Absage. Und sofern Bietungsgarantie zu erstellen war, wird sie ihnen zurücktransferiert. Nach dieser

Vorauswahl	■ preselection

verbleiben noch zwei oder drei Anbieter, die von echtem Interesse sind. Sie kommen auf die

Endrundenliste, Shortliste (wörtl.: Kurzliste)	■ short list (of bidders)

bzw. sie werden

auf die Shortlist(e) gesetzt.	■ shortlisted

Der Ausdruck „Shortliste" wird auch im Deutschen verwendet, wie schon die Checkliste. Verbliebene Unklarheiten in diesen Angeboten versucht der Kunde zu klären mittels

Fragebogen, Frageliste	■ questionnaire

manchmal genannt

Fragebogen zum Angebot	■ BCQ = Bid Clarification Questionnaire

Da Fragebogen oft zu Rückfragen mit erneuter Zusendung führen, wird zur Zeitersparnis besser gleich ein

Klarstellungs-Meeting	■ BCM = Bid Clarification Meeting

veranstaltet, mit allen Experten an einem Tisch. Damit erreicht man rascher die notwendige(n)

Klarstellung(en)	■ clarification(s)
Bereinigung von Mißverständnissen	■ elimination of misunderstandings
Klarheit, Deutlichkeit	■ transparency
(wörtl.: Durchsichtigkeit)	

der verbliebenen Angebote, so dass sie ausreichend vergleichbar werden.

vergleichbar	■ comparable
Vergleich	■ comparison

2.3.2
Verhandlungen

Mit den verbliebenen Kandidaten führt der Kunde die

(End) Verhandlungen.	■ (final) negotiations

Alle haben die Chance, ihre Angebote nochmals zu überdenken und zu optimieren. Das führt zu entsprechenden

Neufassung(en), Revision(en)	■ revision(s)

oder vornehm ausgedrückt: die Anbieter werden, wenn irgend möglich

die Preise „verfeinern", verbessern	■ (to) refine the prices

Die alte Faustformel „Der Billigste gewinnt" gilt übrigens nicht automatisch. Häufig lässt der Kunde schon in die Ausschreibung setzen unter dem Stichwort

Auswertungsgesichtspunkte,	■ evaluation criteria

dass den Zuschlag erhalten soll

nicht der (preislich) Beste sondern der Geeignetste, Passendste.	■ not the best (pricewise) but the most convenient

Oder es erscheint ein Satz wie:

| Der Kunde behält sich das Recht vor, ein anderes als das billigste Angebot zu erwählen. | ■ Purchaser reserves the right to accept other than the lowest price quotation. |

Es spielen also Wirtschaftlichkeitskriterien, Langlebigkeit, Lieferzeiten, Inbetriebnahmetermin, Beteiligung lokaler Firmen (d.h. im Kundenland), Finanzierungskonditionen, eventuelle Kompensationsangebote, Versorgung mit Ersatzteilen, bisherige Erfahrungen mit dem Anbieter, Präsenz im Kundenland usw. eine beachtliche Rolle neben dem tatsächlichen Preis und neben der Bereitschaft, die allgemeinen und speziellen Bedingungen der Ausschreibung zu erfüllen. Manche Kunden deklarieren im Tender einen formelmäßigen

| Bonus (bewirkt Preisminderung) | ■ price premium, bonus |
| Wertzuwachs, Bonus | ■ increment |

und andererseits

| Malus (bewirkt Preisaufschlag) | ■ malus |

der jeweils dann zum Tragen kommt,

| anwenden, zum tragen bringen | ■ to apply |

wenn spezielle Vorgaben des Tenders von den Anbietern über-/unterschritten werden. Vorgaben können sein:

- Inbetriebnahmetermin
- Leistungswerte
- Wirkungsgrad usw.

Ein Bonus kann z.B. lauten: 3.000,– Dollar für jeden Tag Lieferung *vor* dem ausgeschriebenen Termin und dergleichen. Werden diese Formeln entsprechend verwendet, so ergibt sich je nach Angebotslage ein neuer, nämlich

| bewerteter Preis (wörtl.: angepasster Preis) | ■ adjusted price |

gegenüber dem tatsächlichen Angebotspreis. Erfahrungsgemäß werden die beiden nunmehr Bestplatzierten nochmals gegeneinander „ausgespielt", d.h. letzte Zugeständnisse und Preisnachlässe werden erzielt mit dem bewährten Vorhalt: „Der andere hat aber schon zugestimmt!". Ein bisschen

| psychologische Kriegführung | ■ psychological warfare |

kommt hinzu, sei es durch gezieltes Wartenlassen, plötzliche Unterbrechungen usw. Geduld und Nerven gehören dazu, bis wir

| die Verhandlungen wiederaufnehmen. | ■ resume the negotiations |

Irgendwann ist aber für jeden sein

| letzter, abschließender Preis allerletzter Preis (wörtl.: Felsgrund-Preis, soll sagen: kein Krümel Erde geht hier mehr abzutragen) | ■ last and final price
■ rock bottom price |

erreicht, und nun muss der Würfel fallen. Er fällt nicht immer nach rein objektiven Kriterien, wie sie oben aufgeführt sind. Es wäre weltfremd, das Thema zu tabuisieren:

| Begünstigung (der Auftragsvergabe), Promotion, Unterstützung | ■ sponsoring |

ist so alt wie das Handeltreiben selbst. Fairerweise muss man vorher erwähnen, dass es noch einige Länder gibt, wo das nicht bzw. beinahe nicht üblich ist! Es sind ihrer aber nur wenige. Die Organisation „Transparency International" hat in Zusammenarbeit mit der Uni Göttingen 1999 eine Länder-Korruptionstabelle erstellt, der man entnehmen kann, wo wenig oder viel bestochen wird. Mit der Skala 10= korruptionsfrei bis 0 = besonders hochgradig korrupt findet sich überhaupt nur ein Land, das absolut „clean" ist: Dänemark (Skala 10). Finnland 9,8 und Schweden 9,4 folgen dicht auf. Im weiteren haben wir Deutschland 8,0; USA 7,5; Frankreich/Spanien 6,6; Belgien 5,3; Russland 2,4; Kamerun 1,5; um nur eine Auswahl zu nennen.

Dort also, wo man – vermeintlich oder echt – einen besonderen „Wundertäter" braucht (so ungefähr lautet die bescheidene Selbsteinschätzung dieser Leute, die den amtierenden Staats-Chef mindestens schon vom Kindergarten her kennen, sofern er nicht gleich ihr Cousin ist; und sollte plötzlich ein neuer Staats-Chef ans Ruder kommen, so ist das überhaupt kein Problem: den kennen sie bereits seit der Entbindungsstation); wo man also dieser hochkarätigen „Experten" landesüblich bedarf, schließt man in der Stille und mit gemischten Gefühlen ein

| (wörtl.:) Beratungsabkommen, Beratervertrag | ■ consultancy agreement |

Die „helfende Hand" trägt darin eher verharmlosende Bezeichnungen:

| Helfer, Promoter, Unterstützer | ■ sponsor / promoter / consultant / agent / broker / jobber |

Letztere zwei Ausdrücke stammen eigentlich aus dem Börsengewerbe. Der Promoter kassiert im Erfolgsfall so diskret wie hastig die vereinbarte

| Provision („Schmierseife") | ■ commission |

Dieser Begriff an sich ist an sich wertneutral, wir wenden ihn ebenso an für unsere

Firmenverter (im Kundenland, wörtl.: offizieller Repräsentant)	■ official representative
Niederlassung	■ subsidiary
(Auslands-)Vertretung (wörtl.: Zweigniederlassung)	■ branch office
Verbindungsbüro	■ liaison office

Die erhalten ihrerseits die amtlich zustehende

| Provision (gemäß Firmenrichtlinien) | ■ commission |

Hinweis: Das englische Wort „provision" hat eine andere Bedeutung:

| Vorsehen, Versehen (mit) | ■ provision |
| versehen (mit) | ■ to provide (with) |

Wer auch immer den endgültigen Ausschlag gibt: wenn der Kunde endlich seine *Entscheidung* zur Auftragsvergabe trifft, so tut er das meistens in Form einer

| Kaufabsichtserklärung (wörtl.: Brief der Absicht) | ■ L.O.I. = Letter of Intent |

Dies ist wie die Verlobung vor der Heirat, also in ungünstigen Fällen kann auch das noch schiefgehen.

Ein LOI (dieser Ausdruck wird auch im Deutschen viel angewandt) ist noch nicht der Vertrag selber, sondern eine (unverbindliche) Vorstufe. Er legt aber immerhin den Vertragsgegenstand, Vertragspreis und die vertragschließenden Parteien schon eindeutig fest, er sollte auch sonstige wichtige Details fixieren (Lieferzeit etc.) und sollte vor allem klarstellen, bis *wann* nun wirklich der Vertrag zu schließen ist. Er darf gegebenenfalls Mehrungen oder Minderungen von plus/minus einem Viertel des Liefervolumens noch offenhalten (sofern das technisch machbar ist). Günstig ist es, den

| Vertragsentwurf | ■ draft of contract |

als zugehörige Anlage zum LOI zu nehmen.

Nochmals sei gesagt: ein LOI stellt noch keinen Rechtsanspruch auf Vertragsabschluss dar, wir müssen unseren zukünftigen Kunden selber daraufhin einschätzen, wie seriös seine Absichtserklärung wirklich ist. Ergiebiger ist es schon, wenn ein

| vorläufiger Vertrag | ■ preliminary contract |

abgeschlossen werden kann (anstelle LOI), aber selbst der wäre letzten Endes noch aufkündbar.

Die

| Vertragsverhandlungen | ■ contract(ual) negotiations |

bilden die letzte Etappe, bis sozusagen alles unter Dach und Fach ist. Hierbei wird der gesamte Vertrag mit allen allgemeinen und speziellen Bedingungen, notwendigen Anlagen, juristischen Formalien etc. abgehandelt und erstellt. Das kann u.U. Wochen dauern. Hatte man, wie oben gesagt, sich beim LOI schon auf einen Entwurf geeinigt, so braucht man nur noch

| offenstehende Punkte (wörtl.: hängende Artikel, Posten) | ■ pending items |

zum Abschluss zu bringen, was etwas weniger Zeit kostet. Kritisch ist es, wenn beide Seiten bis zuletzt

| nicht verhandelbare Positionen (wörtl.: brechende Punkte, zum Bruch führende Punkte) | ■ breaking points |

vorbringen, mit der klassischen Begründung, sie seien

| im Widerspruch zu … | ■ in conflict with … |

Derartige Knackpunkte können sein

→ die Rechtswahl bei (späteren) Streitfällen:

anwendbares Recht	■ governing law / applicable law / body of law
Gericht oder Schiedsgericht	■ court of arbitration
Gerichtsort/Gerichtsstand	■ place of court

Schiedsgerichtsort   ■ place of arbitration

→ die Bezugsstandards für die Technik:

anwendbare Normen und Standards, (z.b. DIN, IEC, VDE usw.)	■ applicable Codes and Standards
gesetzliche Beschränkungen (z.b. TA-Luft)	■ statutory limitations

→ kritische Garantie- bzw. Gewährleistungsforderungen, zum Beispiel in Bezug auf:

Leistung	■ performance
Durchsatz, Ausstoß	■ throughput
Wirkungsgrad	■ efficiency
Verfügbarkeit (der Anlage)	■ availability
Zuverlässigkeit (mit Bezug auf ungeplante Auszeiten)	■ reliability
Lärm-Emission	■ noise emissions
Schadstoff-Emission	■ waste emissions

→ oder kritische Forderungen in Bezug auf:

Zeitplan	■ time schedule
Lieferplan	■ delivery schedule
Fertigstellungstermin	■ completion date

→ die „Strafmittel", mit denen der Kunde auf unsere Versäumnisse bei den oben genannten Garantie- und Zeitzusagen reagieren kann:

(1.) Pönale, Vertragsstrafe (im Sport : Strafstoß)	■ (1.) penalty
mit Pönale belegen	■ to penalise
(2.) pauschalisierte Entschädigung, Konventionalstrafe	■ (2.) LD bzw. LD's (weil es nur im Plural steht) = liquidated damages

Pönale muss gezahlt werden, selbst wenn dem Kunden aus unserem Versäumnis *kein* Schaden erwachsen ist.

Ein Anspruch des Kunden auf *Konventionalstrafe* besteht dagegen nur, wenn der aus unserem Versäumnis resultierende Schaden ersichtlich bzw. offenkundig ist, also erwiesenermaßen eingetreten ist. Die Höhe des dann eingetretenen Schadens ist zum Zeitpunkt des Vertragsabschlusses kaum oder nur ungenau vorhersehbar, deshalb einigt man sich von vorn herein auf einen *pauschalierten Betrag* (egal, ob in der Praxis der Schaden dann höher oder tiefer ausfällt).

Die gängige Zuordnung lautet bei

Nichterreichen von Leistungsdaten:	▪ *performance shortfall*
„x" % des Vertragspreises für jeden nicht erreichten Prozentsatz „y" (der zugesagten Leistung)	▪ „x" % of the contract price for each „y" % of deficiency

bei

Zeit-Verzögerungen:	▪ *schedule delays*
„x" % des Vertragspreises (bezogen auf die verspätete Einheit) für jede(n) Tag/Woche Verspätung	▪ „x" % of the contract price (of the delayed unit) for each day/week of delay

Weiterhin gängig, aber ebenso häufig ein Knackpunkt, ist die

Deckelung (der Konventionalstrafe)	▪ cap (on LD's)

Für Zeitverzug sollte er 20%, für Leistungsdefizit 25% des Vertragspreises nicht überschreiten. In Konsequenz ist außerdem zu vereinbaren ein

Deckel über alles (für alle Konventionalstrafen insgesamt)	▪ overall cap (for all LD's)

Sprachliche Ergänzung: LD's = Liquidated Damages heißt sinngemäß „festgelegter Schadenersatz".

Schuldbetrag feststellen (u.a.)	▪ to liquidate
Schaden, Einbuße	▪ damage (Singular)
Schaden verursachen an …	▪ to cause damage to …
Entschädigung, Schadenersatz	▪ damages (Plural)
Entschädigung zahlen, Schadenersatz leisten	▪ to pay damages

→ Haftung und Haftungsbegrenzung

Im Zuge der Realisierung eines Industrieprojektes (Montage und Inbetriebnahme) können Schäden an Sachen und Personen eintreten, die abzudecken sind.

Haftpflicht (des Herstellers, des Lieferanten)	▪ (manufacturer's) liability

Haftpflichtansprüche	■ claims for liability
auch: Verantwortlichkeit	■ liability

Auch bei der erforderlichen Haftpflicht müssen Kompromisse „erkämpft" werden: Wir können nicht unbegrenzt in Haftung genommen werden, d.h. wir brauchen eine

Begrenzung der Haftpflicht	■ LOL = Limitation of Liability

Hierzu hilft wieder, wie bei der Konventionalstrafe, der entsprechende Deckel:

Deckelung des Betrages (sollte maximal 100% des Auftragswertes sein)	■ cap in amount
Deckel auf den Zeitraum (für die Haftpflicht übernommen wird)	■ cap on time

Dieser Deckel sollte üblicherweise festgelegt sein auf

Ende des Gewährleistungszeitraums	■ end of warranty period

Es sollte unbedingt das beiderseitige Verständnis erzielt werden, dass jegliche Haftung sich nur auf

direkte Schäden	■ direct damage (s)

beziehen soll, die also ersichtlich/offenkundig sind. Immer wieder versucht es jedoch der Kunde,

Folgeschäden	■ indirect damage / consequential damage

ebenfalls unter Haftung zu stellen. Die Argumentation ist sinngemäß, wenn unsere gelieferte Anlage ausfällt oder mangelhaft ist, dann käme es an anderem Ort zu einschneidenden Fehlern oder Ausfällen (consequential = als Konsequenz aus unserer Fehlleistung), und dafür müßten wir als Ursprungsverursacher nun geradestehen.

Äußerste Vorsicht ist angesagt! Ein ganz heißes Eisen: Als Folgeschäden gelten nämlich so unkontrollierbare Begriffe wie

Schaden/Verlust an Verwendung	■ loss of use
Schaden/Verlust an Gewinn	■ loss of profit
Schaden/Verlust an Erzeugung	■ loss of production
Schaden/Verlust an Vertrag	■ loss of contract

Die daraus resultierenden Forderungen können ins Uferlose gehen, daher wenn irgend möglich: Ausschluss von Folgeschäden! Die zu zahlenden Entschädigungen im Haftungsfall (wie immer er nun geregelt ist) tragen die Bezeichnungen

Entschädigung (für)	■ indemnity(for),
	indemnification (for),
	compensation (for)·

Bei Behandlung der Haftpflicht und zugehöriger Entschädigung sollte zwischen den Parteien geklärt sein, inwieweit eventuelle

| Nachlässigkeit, Fahrlässigkeit | ■ negligence |

oder gar

| vorsätzliches Fehlverhalten, | ■ intentional misconduct, |
| grobe Fahrlässigkeit | willful misconduct (auch: wilful) |

erfasst werden können, und dann Berücksichtigung finden.

→ Höhere Gewalt

Ein besonderer Fall von Haftungsausschluss liegt vor, wenn

| Höhere Gewalt | ■ force majeure |

eingetreten ist, d.h. unvorhersehbare Ereignisse, die aber im Vertrag entsprechend aufgeführt sein müssen. Solche Ereignisse sind im Allgemeinen:

Aufruhr	■ riots
Feindseligkeiten	■ hostilities
Tumult, Unruhe	■ civil commotion, disorder
Aufstand	■ insurrection
Rebellion	■ rebellion
Revolution	■ revolution
Machtergreifung	■ usurped power
Invasion	■ invasion
radioaktive Verseuchung	■ contamination by radio activity
(Bürger)Krieg	■ (civil) war
landesweiter Streik	■ nation-wide strike
Aussperrungen	■ lockouts
militärische Auseinandersetzung	■ military conflict
Epidemie, Seuche	■ epidemic

Naturkatastrophe	■ natural catastrophe
Flut	■ flood
Wirbelsturm	■ cyclone
Erdbeben	■ earthquake
Vulkanausbruch	■ eruption

und verschiedenes mehr, je nach geographischer und politischer Gegebenheit.

Hinweis: Der eigentlich französische Begriff „force majeure" ist auch im englischen Text längst eingebürgert (ebenso im deutschen). Es gibt aber auch den englischen Ausdruck

höhere Gewalt	■ acts of God
(wörtl.: Handlungen von Gott)	

Vorsicht: Acts of God, wie der Name sagt, schließen keinen Aufruhr, Krieg, Bürgerkrieg etc. ein, denn die sind gewissermaßen von Menschenhand gemacht. Um dem Rechnung zu tragen, kann man hinzufügen

besondere Ereignisse	■ special events

Speziell im amerikanischen Recht hat sich, um Konfusionen zu umgehen, ein neuer Ausdruck eingebürgert (anstelle force majeure):

entschuldbare Verzögerungen	■ excusable delays

Mit dem Thema verwandt, wenn auch etwas anders gelagert, ist die

Härteklausel.	■ hardship clause

Sie dient zur Abwehr unzumutbarer Forderungen.

→ Vertragserfüllung in zwei Sprachen

Es kann passieren, dass der Grundvertrag (nicht die Anhänge) in zwei Sprachen angefertigt wird: in der Landessprache des Kunden sowie in Englisch (für den Lieferanten). Im Falle von Streitigkeiten muss unmissverständlich klar sein, welches ist dann

maßgebender Text	■ prevailing text
herrschen, vorherrschen	■ to prevail

→ Freistellung (des Lieferanten) von Steuern (im Kundenland):

Die im Kundenland zur Anwendung kommenden Steuern möchte sich
der Lieferant möglichst vom Leibe halten, der Kunde umgekehrt möchte
sie gern auf ihn abwälzen.

Freistellung(en) von Steuern	■ tax exemption(s)

Vor allem muss man im Auge behalten, auch künftige Steuern (die zum
Zeitpunkt des Vertragsabschlusses noch gar nicht etabliert waren) aus-
zuschließen!

Die verschiedenen Schwierigkeiten der Vertragsverhandlungen können
mit diesen wenigen willkürlichen Beispielen nur angedeutet werden. Im
Verlauf der Verhandlungen müssen beide Seiten wechselweise

akzeptieren	■ to accept
zurückziehen	■ to withdraw
auslöschen	■ to delete
ersetzen (durch)	■ to substitute (by)
ändern (dahingehend, dass)	■ to modify (to)
einen Kompromiss eingehen	■ to compromise
umformulieren	■ to reword

Schließlich ist alles bereinigt und der Vertrag ist

unterschriftsreif	■ ready for signature

Der Sekt darf kaltgestellt werden, denn der Punkt ist erreicht,

den Vertrag (zu) erhalten	■ to win the contract
(aus Lieferantensicht).	
den Vertrag (zu) erteilen	■ to award the contract
(aus Sicht unseres Kunden).	

2.3.3
Vertrag

Der abzuschließende Vertrag kann die Bezeichnung tragen

Vertrag	■ contract
Auftrag, Order	■ order
Kaufvertrag	■ P/O = purchase order
kaufen, erwerben	■ to purchase

Der Abschluss selber wird bezeichnet mit

Erteilung (des Vertrages)	▨ award (of contract)
erteilen	▨ to award
Abschluss (des Vertrages)	▨ conclusion (of contract)
abschließen	▨ to conclude
(Auftrags-)Platzierung	▨ placing (an order)
platzieren	▨ to place

Es ist jetzt Schluss mit der Betrachtungsweise potentiell/zukünftig in Bezug auf die Vertragsparteien, ab jetzt gelten konkrete Bezeichnungen:

- *Unternehmen A aus 2.1.1 („Jene") kann heißen*

Kunde	▨ customer
Auftraggeber	▨ principal
Käufer	▨ buyer
Besitzer	▨ owner
Erwerber, Käufer	▨ purchaser
Auftraggeber, Unternehmer	▨ employer
Betreiber	▨ operator
Importeur	▨ importer
Unternehmer	▨ company

- *Unternehmen B aus 2.1.1 („Wir") kann heißen*

Lieferant	▨ supplier
Verkäufer	▨ seller
Vertragnehmer, Auftragnehmer	▨ contractor
Verkäufer	▨ vendor
Klient, Vertragnehmer, Auftragnehmer	▨ client
Exporteur	▨ exporter

In einem Vertrag kann für A und B eine beliebige Kombination aus den obigen Ausdrücken gewählt sein, etwa Buyer/Vendor oder Customer/Client, aber am wahrscheinlichsten sind folgende Zuordnungen:

„Wir" (B): LIEFERANT	«	*„Jene" (A): KUNDE*
supplier	«	*customer/operator/principal*
seller	«	*buyer*
contractor	«	*owner/company*
vendor	«	*purchaser*
client	«	*employer*
exporter	«	*importer*

Der *Vertrag* hat grob gesagt folgenden Aufbau:

→ Der eigentliche *Vertragstext,* häufig geschrieben auf spezielles

    Vertragspapier   ▮ contractual paper

mit den hauptsächlichen, in Paragraphen abgefassten Vertragspunkten wie Vertragsparteien, Vertragsgegenstand (Lieferungen und Leistungen), Preisaufgliederung, zugehörige Zahlungsbedingungen (Zahlungsplan), Terminplan für Lieferung – Montage – Inbetriebnahme, Garantie- oder Gewährleistungswerte, Vertragsstrafen, Force-Majeure-Bestimmung, anwendbares Recht, Auflistung aller vertragsrelevanten Dokumente, Bedingungen für Inkrafttreten des Vertrages ...

Die Rechtsgültigkeit der Unterzeichner auf Kundenseite muss mitunter in einem

    Rechtsgutachten   ▮ legal opinion

bestätigt werden. Unsere eigene Berechtigung wurde bekanntlich per PoA belegt.

→ Offizielle *Anlagen* zum Vertrag, genannt

    Anlage(n)   ▮ enclosure(s)

Von der Ausschreibung her kennen wir schon die Ausdrücke annexure, exhibit, amendment, appendix, die genauso gut einsetzbar sind. Derartige Anlagen sind ausdrücklich

    integraler, vollständiger Teil   ▮ integral part

des Vertrages. Beispielsweise

– die komplette Ausschreibung,
– das Angebot und etwaige Nachträge,
– stattgefundener Schriftwechsel (z.B. über technische Klarstellungen),
– besondere schriftliche Erklärungen (z.B. zum Qualitätswesen).

Bei diesen Anlagen spielt die wichtigste Rolle die Festlegung der

    Rangfolge (der Gültigkeit)   ▮ order of precedence

in diesem Fall heißt

    (An-)Ordnung, (Reihen-)Folge   ▮ order
    Vorrang, Vortritt   ▮ precedence

dies wird auch ausgedrückt mit

Rangfolge (der Vertragsdokumente)	■ ranking (of contract documents)

oder einfach

Rangfolge	■ hierarchy

→ Gesonderte, nicht-offizielle *Vereinbarungen*

In Form einer

Nebenvereinbarung (wörtl.: Neben-Brief)	■ side letter

können spezielle Abmachungen getroffen werden, die zur Kenntnis Dritter nicht bestimmt sind.
Mit der

Vertragsunterzeichnung	■ signature of contract

ist noch längst nicht das wichtigste erreicht, nämlich das

Inkrafttreten.	■ coming into force

Ein Vertrag tritt normalerweise erst in Kraft mit dem Erhalt der

Anzahlung	■ down payment, advance payment

von Seiten des Kunden.

Wir im Gegenzug müssen auch reagieren. Zum einen wünscht der Kunde zur Absicherung seiner Anzahlung in gleicher Höhe von uns eine

Anzahlungsgarantie	■ advance payment guarantee

→ siehe hierzu Kapitel 3.7 Bankgarantien

Zum anderen haben wir mit dem Vertragsabschluss, genau wie die übrigen Anbieter, unsere Bietungsgarantie zurückerhalten. Sie diente bekanntlich dem Kunden als „Pfand" für die Seriosität unseres Angebotes. Eine vergleichbare Sicherheit verlangt er erst recht in der jetzigen Phase, also für die Vertragserfüllung. Wir müssen daher umgehend eine

Vertragserfüllungsgarantie	■ performance bond

erstellen, auch genannt

Liefergarantie ■ delivery guarantee

Im Gegensatz zur Bietungsgarantie, die üblicherweise 5% vom Vertragswert beträgt, lautet die Vertragserfüllungsgarantie meist auf 10% des Vertragswertes. Sie läuft im Allgemeinen bis zum Ende der Garantiezeit unserer zu liefernden Anlage, eventuell mit einer früheren Abstufung.

→ siehe Kapitel 2.4.4 und Spezialkapitel 3.7 „Bankgarantien"

Sofern unser Exportgeschäft auf einer *Finanzierung* basiert, so läuft das Inkrafttreten über zwei Ebenen: Es gibt, wie bisher beschrieben, den eigentlichen

Liefervertrag ■ supply contract

zwischen uns und dem Kunden. Und es gibt weiter den zugehörigen

Finanzierungsvertrag ■ financing contract

zwischen dem Kunden und der kreditgebenden Stelle. Das sind normalerweise zwei getrennte Rechtsgeschäfte. Der Liefervertrag kann natürlich erst dann in Kraft treten, wenn der Finanzierungsvertrag abgeschlossen und auszahlungsbereit ist (was leider nicht immer synchron läuft). Das gilt für die bisher betrachteten Finanzierungen, die wir als Lieferant mit Hilfe unserer Geschäftsbanken auf die Beine stellen.

→ siehe Kapitel 3.5

Das gilt genauso für die im Rahmen von Entwicklungshilfe von offizieller Seite bereitgestellten, langfristigen Exportkredite. Nationale und übernationale Institutionen wollen damit Länder unterstützen (von Beeinflussen ist keinerlei Rede), die in schwieriger wirtschaftlicher Lage sind.

Entwicklungsländer ■ LDC = less developed countries
(wörtl.:) am wenigsten ■ LLDC = least developed countries
entwickelte Länder

Für die Bundesrepublik Deutschland wird dies wahrgenommen u.a. in Form von

Deutsche(r) Kapitalhilfe ■ German capital aid

über das BMZ (Bundesministerium für wirtschaftliche Zusammenarbeit, Bonn) im Zusammenwirken mit der KfW (Kreditanstalt für Wiederaufbau, Frankfurt).

→ siehe hierzu Kapitel 3.9 „Deutsche Entwicklungshilfe"

Im übernationalen Rahmen wirken u.a. die Weltbank und ihre Ableger, die regionalen Entwicklungsbanken.

→ siehe hierzu Kapitel 3.10 „Die Weltbank-Gruppe"

Dient zur Projektrealisierung nicht eine Finanzierung, sondern ein Kompensationsgeschäft, so gilt analog: Es gibt zwei getrennte Rechtsgeschäfte. Im Zuge der Kompensation wird z.b. ein sogenanntes

treuhänderisches Konto	▨ escrow account

oder auch ein

Akkreditiv-Auffüllungskonto	▨ L/C covering account

eröffnet. Sobald dieses auszahlungsbereit ist, kann erst der eigentliche Liefervertrag in Kraft treten, wie gehabt.

→ siehe Kapitel 3.6 „Kompensationsgeschäfte"

Bei Exportprojekten gibt es mitunter einen letzten „Stolperstein":

– behördliche Auflagen und Genehmigungen im Kundenland
  (sollte unbedingt in der Kundenverantwortung liegen).
– behördliche Auflagen in Deutschland
  (deren Einhaltung ist natürlich unsere eigene Aufgabe).

Letztere betreffen z.b. sogenannte „sensible" Exportprodukte für „sensible" Länder (Kundenland oder Verbraucherland). Dies wird verfolgt vom Bundesamt für gewerbliche Wirtschaft in Eschborn. Die sensiblen Produkte und Länder sind in einer entsprechenden Ausfuhrliste bzw. Länderliste aufgeführt. Im zutreffenden Fall müssen wir als Exporteur die

Ausfuhrlizenz	▨ export licence

bzw. die

Ausfuhrgenehmigung	▨ export permission

erwirken. Dazu wird von uns gefordert der

Endverbleibnachweis	▨ proof of ultimate where-abouts, proof of ultimate destination

oder auch die

| internationale Einfuhr-
bescheinigung | ■ international import certificate |

seitens des Kundenlandes. In schwierigen Fällen müssen wir regelrecht den Beweis über die Einfuhr der von uns gelieferten Anlage erbringen, und zwar per

| Wareneingangsbescheinigung | ■ delivery verification certificate |

des Kunden- oder Verbraucherlandes. In diesem Zusammenhang sind die

| in zweifacher Hinsicht
verwendbare(n) Produkte | ■ dual use goods |

von besonderem Belang. Gemeint sind z.b. Steuerungscomputer einer rein zivilen Anlage, die modifiziert genauso gut einer militärischen Verwendung zugeführt werden könnten. Darüber muss vor dem Export Klarheit geschafft werden.

2.4
Abwicklungsphase – Execution

Der von der

| Vertriebsabteilung | ■ sales department |

hereingeholte Auftrag wird für die

Abwicklung (des Auftrages)	■ order handling
Abwicklung (des Projektes)	■ project handling
(Projekt-)Verfolgung	■ project follow up

übergeben an die

| Abwicklungsabteilung | ■ project handling department,
order handling department |

Nach dem

| Vertriebsingenieur | ■ sales engineer |

wird jetzt der

| Abwickler, Projektleiter | ■ project manager |

zum entscheidenden Ansprechpartner des Kunden, also

Projektverantwortlicher, Projektbeauftragter (wörtl.: verantwortliche Person)	■ pic = person in charge

Es findet zunächst hausintern, danach mit dem Kunden eine Projektübergabe statt, etwa in Form einer

Startbesprechung, Projektstartbesprechung (wörtl.: das Projekt wird „losgetreten") Anstoß (im Fußball)	■ kick-off meeting ■ kick-off

Die

Teilnehmer (der Besprechung)	■ attendees

kommen aus allen Abteilungen, die von der Projektabwicklung betroffen werden.

an einer Besprechung teilnehmen die (vom Projekt) Betroffenen	■ to attend a meeting ■ parties involved

Die jeweilige

Tagesordnung	■ agenda / order of business / order of the day

sollte alle relevanten Punkte beinhalten. Die Ergebnisse solcher Besprechungen (ganz allgemein) werden erfasst in dem

Protokoll Besprechungsprotokoll das Protokoll führen	■ process verbal ■ MOM = minutes of meeting ■ to take the minutes

(Es gibt den bekannten Klageruf: „A meeting is an event where the minutes are taken and the hours are lost." Frei übersetzt: „Viele gehen hinein, aber wenig kommt heraus".) Bei Besprechungen zwischen zwei unterschiedlichen Parteien (etwa Kunde und wir) wird eher ein(e)

Gesprächsergebnis, Vereinbarung	■ MOU = memorandum of understanding

aufgenommen und festgehalten. Dinge, die besprochen wurden, die aber nicht ins Protokoll sollen, sind

nicht fürs Protokoll bestimmt (wörtl.: außerhalb des Protokolls)	■ off the records

2.4.1
Produktion (Fertigung)

Wenn wir voraussetzen, dass wir für das Projekt kein

auf Lager liegendes Material   ■ on-stock-material

zum Einsatz bringen, so muss nach dem Auftrag umgehend die Produktion eingeleitet werden. Das bedeutet im Klartext aber folgendes: Sollte das Projekt von jetzt an noch seitens des Kunden scheitern (Zahlungsausfall), so entstünden uns Verluste, die nicht mehr vernachlässigbar wären.

Scheitern (eines Projektes)   ■ to strand

Im Extremfall hätten wir unsere Produkte/unsere Anlage umsonst fabriziert (Fabrikationsrisiko), dann nämlich, wenn keine anderweitige Verwendung möglich wäre (es bliebe nur der Schrottwert). Ein Exportprojekt kann zu jedem Zeitpunkt noch scheitern (Kundenrisiko bzw. Länderrisiko) und zwar:

– aus politischen Gründen
– aus wirtschaftlichen Gründen

Die Möglichkeit, sich als Lieferant dagegen abzusichern, ist zum einen die Vereinbarung: Zahlung aus bestätigtem Akkreditiv, eröffnet von einer erstklassigen Bank. Dann sind unsere Zahlungen in jedem Fall gesichert.

→ siehe Kapitel 3.4 „Dokumenten-Akkreditiv"

Weitere Möglichkeiten der Absicherung sind Schutzzusage, Ankaufzusage, Forfaitierung. Kann keine dieser Bedingungen vereinbart werden, so gibt es andererseits eine staatliche Stelle, deren Hauptaktivität die Absicherung von Exportkrediten ist:

Staatliche Exportkredit-   ■ state export credit guaran-
Versicherungsgesellschaft   tee agency

Meistens verwendet wird im Englischen die Kurzbezeichnung

(staatliche) Exportkredit-   ■ ECA = Export Credit Agency
Gesellschaft

Im weiteren befasst sie sich auch mit Zahlungsausfall allgemein, also auch mit dem Fabrikationsrisiko sowie Ausfuhrrisiko und deren Indeckungnahme. Vergleichbare Institutionen gibt es in allen Exportländern, in Deutschland z.B. die HERMES Kreditversicherungs AG, Hamburg.

→ siehe hierzu Kapitel 3.11 „Versicherung eines Exportgeschäftes"

Der Antrag auf Indeckungnahme des Fabrikationsrisikos (HERMES-Deckung) muss spätestens bei Abschluss des Liefervertrages erfolgen (d.h. zeitnah vor Beginn der tatsächlichen Fertigung) und ebenso ist zu diesem Zeitpunkt die Deckung des Ausfuhrrisikos (das Risiko nach der Fertigung) zu beantragen. Üblicherweise haben wir hierzu bei HERMES schon in der Projektphase mindestens eine Meldung zur Vororientierung gemacht.

Die Kosten für die genannte HERMES-Deckung sind, wie unter 2.2.3 gezeigt, in unserem Angebotspreis schon mit berücksichtigt. Ihr Betrag liegt, grob gesagt, bei ungefähr 1,5 % vom Auftragswert. Hingegen werden die Gebühren für eine etwaige HERMES-Kreditversicherung separat ausgewiesen, und möglichst dem Kunden angelastet. Ihr Betrag ist immerhin ca. 5% vom Auftragswert. Wir wollen im weiteren natürlich von einem normalen Projektverlauf ausgehen, d.h. eine ungestörte

Herstellung, Fertigung	■ fabrication
Erzeugung, Fertigung	■ manufacture
Produktion	■ production

unserer Anlage(n) annehmen. Sie findet statt mit beträchtlicher Anteilnahme des Kunden. Wir müssen ihm Rechenschaft ablegen über den

| Stand der Verträge mit | ■ sub-order status, |
| den Unterlieferanten | S.P.S. = Supplier's Procurement Status |

bzw. er verlangt wahrscheinlich sogar die

Kopien der Verträge mit den Unter-	■ copies of suborders
lieferanten (die uns Komponenten	
anliefern)	

Bezüglich des bei uns verarbeiteten Materials wird das jeweilige

| Ursprungszeugnis | ■ certificate of origin |

gefordert. Damit will sich der Kunde vergewissern, dass keine minderwertigen Materialien verarbeitet werden. Weiterhin müssen wir Nachweis führen über

Qualitätssicherungsprogramm ■ QAP = Quality Assurance Program

Hierbei spielt die ISO-Norm 9001 die entscheidende Rolle. Ein Gesichtspunkt ist dabei die

Fertigungsüberwachung mit ■ SPC = Statistical Process Control
statistischen Methoden

Bereits mit dem Angebot hatten wir einen

Balkenplan der Hauptaktivitäten ■ bar chart of main activities,
MBA= Master Bar Chart

zu präsentieren, allgemein gesagt einen

Zeitablauf(plan) ■ chronogram

Eine Teilgliederung dieses Gesamtablaufs ist der

Fertigungsterminplan ■ fabrication schedule

Den darin genannten Abnahmen/Abnahmetests will der Kunde in den
meisten Fällen beiwohnen, sei es mit eigenem Vertreter, oder er beauftragt eine Abnahmegesellschaft

→ siehe hierzu Kapitel 3.12 „Abnahmegesellschaften"

Fabriktest, Prüffeldlauf ■ FAT= Factory Acceptance Test,
shop test
Prüffeld ■ test bed
Prüfprotokoll ■ test log
Abnahmeinspektor ■ test inspector

Dieser Inspektor erscheint auch schon zu

Montageinspektion(en) ■ (visual) inspection(s) during assembly
Montage (im Werk) ■ assembly

Hinweis: Im Gegensatz zur Werksmontage folgt später die
Montage (auf der Baustelle) ■ erection

und zugehörig der

Abnahmetest auf der Baustelle. ■ field test

Es ist im Vertrag vereinbart, was genau die

Inspektionsmaßnahmen ■ inspection activities

sind: Für die verschiedenen Fertigungsphasen und für die betroffenen Haupt-Baugruppen

(reine) Teilnahme, Beobachtung	■ wittness
Überprüfung, Untersuchung	■ examination
Durchsicht, Prüfung, Begutachtung	■ review

Anschließend erstellt man ein entsprechendes

Inspektionszeugnis	■ certificate of inspection

und bei erfolgreich abgeschlossenem Prüflauf einen

Leistungsnachweis (wörtl.: Zertifikat über den Leistungstest)	■ PTC = Performance Test Certificate

In seltenen Fällen kann vereinbart werden ein

Aufstelltest	■ fit-up test / mock-up test
nachahmen, imitieren	■ to mock
Modell, Attrappe	■ mock-up

Das heißt, im Herstellwerk muss die Gesamtanlage aufgebaut werden, paßliche Unstimmigkeiten können bereinigt werden, dann wird sie wieder abgebaut. (Dies ist hauptsächlich ein Test der Dimensionierung, kein Leistungstest). Wie immer die vereinbarten Tests seien, abschließend macht unsere Versandabteilung die zu liefernde Anlage

versandbereit	■ ready for dispatch

und zwar bezüglich der Verpackung und der Frachtdokumente.

2.4.2
Lieferung (Transport)

Transport	■ transportation
Lieferung	■ delivery
Fracht, Versendung	■ freight
Beförderung	■ dispatch
Versand, Verschiffung	■ shipment

Unsere Liefer- bzw. Transportaktivitäten betreffen die Transportarten:

Seefracht	■ *ocean freight,*
	sea freight,
	marine shipment

Luftfracht	■ air freight, air shipment
Landtransport	■ inland transportation
Bahn	■ railroad/railway
LKW	■ truck
Binnenschiffahrt	■ inland navigation, water transportation

Bei Übersee-Export gibt es oft eine Kombination aus Seefracht und Landtransport, dies hängt von der Frachtstellung (sprich: Preisstellung) ab, die im Vertrag vereinbart wurde.

→ siehe auch Kapitel 2.2.3 Angebotsaufbau, sowie Kapitel 3.2 „INCOTERMS"

Die INCOTERMS definieren alle erdenklichen Fälle. Am häufigsten sind

• ab Werk	■ ex works (Plural!)
• FOB = frei Bord	■ FOB = Free on Board
(Seehafen ...)	(Seaport ...)
Flughafen ...)	(Airport ...)
• CFR = Kosten und Fracht	■ CFR = Cost and Freight
bzw.	bzw.
• CIF = Kosten, Versicherung, Fracht	■ CIF = Cost, Insurance, Freight
(Hafen ...)	(Harbour ...)
(Flughafen ...)	(Airport ...)
(Baustelle ...)	(Site ...)

Soll heißen, wir führen den Transport bis zum Standort der Anlage (Baustelle) aus, bzw. nur bis zu einem Seehafen oder Flughafen des Kundenlandes (oder Drittlandes). Bei CFR (früher C+F) ist die

(Transport-)Versicherung	■ I = Insurance

nicht von uns, sondern vom Kunden wahrzunehmen.
Ansonsten schließen wir natürlich Transportversicherung ab, häufig sogar eine

volle Deckung, Vollkasko	■ a/r = aar = against all risks, ari = all risks insurance

Später folgt in Konsequenz die

Versicherung in Bezug auf Bauteil und Montage	■ car = construction all risks (insurance)

Versicherung betreffend nur die Montage	■ ear = erection all risks (insurance)

Unser jeweiliger Beleg in Bezug auf Versicherung ist die

Versicherungspolice.	■ c/i = certificate of insurance

Unsere Transportpflichten vergeben wir als Unterauftrag an einen

Transportunternehmen, Spediteur	■ forwarding agent, forwarding agency
Spediteur, Frachtführer	■ S&FA = Shipping and Forwarding Agent

Die Fracht umfasst verschiedene

Kolli, Packstücke (Singular:) Kollo, Packstück	■ packages, colli ■ (Singular:) collo

die in den zugehörigen

Packliste(n) Verpackungsliste(n)	■ packing list(s) ■ colli list(s)

mit Angabe ihres jeweiligen Inhalts aufgelistet sind. Bevor aber verpackt wird, werden wir in vielen Fällen, wie schon in der Produktionsphase, vom Kunden oder seinem Inspektor „heimgesucht".

→ siehe hierzu Kapitel 3.12 „Abnahmegesellschaften" (Technical Inspectorate)

Dieser begutachtet vor dem Verpacken im Werk, gelegentlich auch vor dem Versand im Hafen, die quantitative und (soweit erkennbar) qualitative Übereinstimmung der Fracht mit dem, was laut Frachtpapier ausgewiesen ist. Bei Zufriedenheit erstellt er eine

Bescheinigung der Übereinstimmung	■ note of conformity

Das bedeutet, jetzt ist die

Versandfreigabe	■ release for shipment

möglich. Der Versand ist ein sensibler Punkt, insofern er ein zahlungs-auslösendes Moment ist.

Wir erwarten, dass die Zahlungen (zu diesem Zeitpunkt zirka 80% vom Gesamtwert!) an uns eingeleitet werden, und zwar in dem Umfang, wie unsere Fracht tatsächlich auf Reise geht:

ratierliche Lieferung	■ pro rata delivery
ratierliche Zahlung	■ pro rata payment
je (Fracht-)Rate, ratierlich	■ pro rata

Wir erstellen also unsere jeweilige

Handelsrechnung	■ commercial invoice

zusammen mit den Frachtpapieren und Packlisten, und beauftragen unsere Bank mit dem Inkasso (Zahlungseinforderung). Sie wendet sich dazu an die Korrespondenzbank des Kunden. Wenn wir die Zahlung erhalten haben, findet im Allgemeinen der Besitzübergang an den Kunden statt. Die Ausdrücke

Kasse gegen Dokumente	■ p/d = payment against documents, c/d = cash against documents

bzw. auch anders herum

Dokumente gegen Kasse	■ d/p = (d/c) = documents against payment (cash)

beschreiben allgemein diesen ganzen obigen Vorgang. (Es handelt sich um ein Zug-um-Zug Geschäft, es ist also gleichwertig, Kasse oder Dokumente als erstes zu nennen).

Neben der Handelsrechnung, die beglichen wird, gibt es als Gegenstück noch die

Proforma-Rechnung,	■ proforma invoice

die nicht beglichen wird (daher proforma), sondern die für behördliche Zwecke gebraucht wird, z.b. für den Zoll.

Es wird immer der allergrößten Wert auf die korrekte Erstellung und die richtige Anzahl und Verteilung der Originale und Kopien all der oben genannten Dokumente gelegt.

Die Frachtpapiere je nach Transportmittel heißen

Seefrachtbrief/Konossement	■ b/l = B/L = BOL = (marine) bill of lading, (ocean) bill of lading
(Schiffs)Ladung	■ lading
Frachtempfangsbescheinigung (bei Seefracht)	■ liner way bill
Bahnfrachtbrief	■ railway bill of lading, railroad way bill

| Luftfrachtbrief | ■ air bill of lading, air way bill (awb) |
| LKW Frachtbrief | ■ CMR = convention relative au contrat de transport international de marchandise par route (französisch) |

Falls unsere Fracht auch

| Schwerlastteile | ■ heavy lifts |

beinhaltet, so ist die

| Hebefähigkeit, Tragfähigkeit | ■ lifting capacity |

der Krananlagen im Ankunftshafen zu beachten. Ist sie dort zu gering, so müssen wir ein

| Schiff mit Schwergutgeschirr | ■ back-up ship |

auswählen, oder gar ein

| Ro-Ro-Schiff | ■ ro-ro ship, ro-ro vessel |

Diese Abkürzung steht für

| (wörtl.:) rolle an (Bord)-rolle von (Bord) | ■ roll on-roll off |

Die Schwerteile werden auf selbstfahrende Untersätze platziert, sie können damit das Schiff über eine Rampe befahren und verlassen.

Ein anderer, ähnlicher Ausdruck betrifft den herkömmlichen Schiffstyp. Dort müssen wir ganz traditionell

| laden/löschen | ■ lo/lo = lift on/lift off |

Wenn keine

| Flaggenklausel | ■ flag clause |

im Vertrag vereinbart ist, die nämlich besagt, dass wir mit einer bestimmten Schiffahrtslinie verschiffen müssen („unter dieser Flagge fahren"), so ist die Wahl der Reederei freigestellt, und wir wählen möglicherweise die

| Konferenzlinie(n) | ■ conference line(s) |

Das sind Reedereien, die feste Routen bzw. Linien fahren (quasi fahrplanmäßig), wobei sie sich untereinander abstimmen. Diese Abstimmungen heißen traditionsgemäß Konferenzen. Die Fahrtroute eines Schiffes trägt die Bezeichnung

Rotation (Umlauf)	■ rotation

Ein Schiff geht kaum nur mit unserer Fracht auf Reise, (so riesig ist unser Frachtgut selten), es wird sich üblicherweise um eine

Sammelfracht	■ consolidation

handeln (Transport der Frachten verschiedener Abnehmer). Der Weitertransport der Fracht zum Zielort läuft dann als

Einzelfracht	■ single cargo
Einzelkollo, -kolli	■ single package(s)
Einzelkiste(n)	■ single box(es)

oder wir versenden möglicherweise in

20 Fuß Container-Einheit,	■ TEU = Twenty Feet Equivalent Unit

um nur ein paar Beispiele zu nennen. Im Zielhafen oder Zielort muss das

Zollfreimachen, Entzollen	■ customs clearance

erledigt werden. Hierfür kann der Kunde oder wir oder in unserem Namen der Spediteur zuständig sein. In diesem Zusammenhang gelten die Begriffe

voraussichtliche Ankunftszeit	■ eta = estimated time of arrival

und die

voraussichtliche Abfahrtszeit.	■ etd = estimated time of departure

Mitunter kann der Weitertransport oder die Übernahme auf der Baustelle nicht unmittelbar (also nahtlos) erfolgen. Dann muss für Ein- oder Zwischenlagerung gesorgt werden (Übernahme dieser Kosten muss klar vereinbart sein!). Ein wichtiges Dokument ist hierbei der

Lagerschein	■ w/w = warehouse warrant
Gewähr, Garantie, Vollmacht	■ warrant

Er unterscheidet sich etwas von der

Lagerhausbescheinigung	■ w/r = warehouse receipt

insofern er einen klareren Eigentumsanspruch bietet.

2.4.3
Bauteil

Während der Transport noch läuft, muss eine weitere Aktivität schon starten, nämlich die

Bauarbeiten	■ civil works

für unsere zu errichtende Anlage. Ob nun der Kunde oder der Lieferant hierfür zuständig ist: die Bauarbeiten werden normalerweise per Unterauftrag an einen Bauunternehmer im Kundenland vergeben. Dem müssen wir rechtzeitig die notwendigen Informationen an die Hand geben bezüglich unserer Anlage, also:

Gesamtübersicht, Lageplan	■ overall layout
Fundamentbelastung(en)	■ foundation load(s)
Abmessungen (aller Baugruppen)	■ dimensions (of all items)
(Lage der) Ankerbolzen	■ (position of) anchor bolts
(Verlauf der) Kabelkanäle	■ (layout of) cable ducts
(Gestaltung der) Schablone	■ (layout of) templet
Schal- und Bewehrungspläne	■ formwork and reinforce-
usw.	ment drawings etc.

Auf der anderen Seite benötigt das Bauunternehmen die Angaben zur Baustelle selbst, am wichtigsten ist die

Bodenuntersuchung	■ soil investigation

Sie wird mit der Ausschreibung vorgegeben oder ist andernfalls auf eigene Faust zu erstellen. Weiter gibt es topographische, klimatische und seismische Details. Auf alledem basierend kann der geforderte

Hochbau	■ a/g = above ground works,
	o/g = overground works
und/oder	
Tiefbau	■ u/g = underground works

für unsere Anlage(n) erstellt werden. Zugehörige Aktivitäten und Begriffe sind

Baustelle aufmachen/schließen	■ mob/demob =
	mobilisation/demobilisation

Baustelle übernehmen	◼ taking over a site
Baustellenzugang	◼ access to site
Planierung	◼ levelling
Aushub	◼ excavation
Bodenaustausch	◼ exchange of soil
Verdichten (des Bodens)	◼ compacting (of soil)
Fundament	◼ foundation
Pfählung, Pfahlgründung	◼ piling
Verschalung	◼ casing/formwork
Bewehrung	◼ reinforcement
(armierter) Beton	◼ (reinforced) concrete
Mauerwerk	◼ brickwork
Vergussmasse	◼ grouting / filling mortar
Gebäude	◼ building(s)
Straßen	◼ roads
Gehwege	◼ walkways
Umzäunung	◼ fencing
Drainage, Wasserableitung	◼ drainage
Beleuchtung	◼ lighting
Bepflanzung	◼ planting

Zum Abschluss bleibt, leider oft umstritten, ein

ordnungsgemäßes Verlassen der Baustelle (wörtl.: Wiederherstellung der Ordnung der Baustelle)	◼ reinstatement of site

Letzteres gilt natürlich nicht allein für die Bauarbeiten, sondern im Zusammenhang mit der anschließenden Aktivität (Montage etc.), wie im Folgenden beschrieben.

2.4.4
Montage/Inbetriebnahme

Die letzte Etappe unseres Projektes wird jetzt eingeläutet, und zwar

Montage	◼ erection
Inbetriebnahme	◼ commissioning

Folgende Aktivitäten sind zu koordinieren. Es müssen

die Hauptkolli	◼ the main packages

unserer Anlage auf der Baustelle eingetroffen sein, die Fundamente müssen ausgehärtet (das heißt belastbar) sein

ausgehärtet	■ hardened

der Kunde muss auf der Baustelle die vereinbarten

Bedarfsstoffe,	■ utilities
Verbrauchsstoffe	■ (on site) facilities

bereitstellen, wie z.b. Strom, Wasser, Pressluft und dergleichen. Der Kunde muss außerdem (in einer früheren Phase) die

Zeichnungsgenehmigung	■ approval of drawings

für unsere Anlage durchgeführt haben. Wir haben ihm also vorab unsere Detailzeichnungen präsentiert und er hat, eventuell mit Modifikationen, sein O.K. gegeben.

Letzten Endes wird aber die tatsächliche Bauausführung auch von dieser genehmigten Form noch etwas abweichen, so dass wir für den Kunden schließlich die

Zeichnungen gemäß Bauausführung	■ as-built drawings
(wörtl.: so-wie-gebaut-	
Zeichnungen)	

erstellen werden. Die örtlich präsente Montagefirma, die entweder von uns oder vom Kunden eingeschaltet ist, muss die notwendige Anzahl

Facharbeiter	■ craftsman / skilled worker
(allgemein) Arbeiter	■ worker
ungelernter Arbeiter	■ labourer
Hilfskräfte	■ helpers
gemäß (Montage-)Zeitplan	■ according to working schedule

bereithalten, sowie die vereinbarten

Hebezeuge	■ lifting tackles
Autokran	■ mobile crane
Schweißmaschine(n)	■ welding machine(s)
(Spezial-)Werkzeuge	■ (special) tools
Wohncontainer usw.	■ portacabin(s) etc.

Weiterhin muss unsere Montageleitung vor Ort sein. Damit sind die Montageleiter gemeint, die unsere Firma zur Überwachung und Anleitung der Montage/Inbetriebnahme entsendet.

Die eigentliche (grobe) Arbeit leistet die o.g. (örtliche) Montagefirma, aber die Verantwortung bleibt voll auf unserer Seite durch den/die

Montageleiter, (auch im   ■ Supervisor Engineer(s)
Deutschen: Supervisor)
beaufsichtigen, überwachen   ■ to supervise

Es gibt im Englischen sogar einen Ausdruck, den wir aus dem Deutschen nur kirchenamtlich kennen

Bauleiter, Montageleiter.   ■ superintendent

Im Allgemeinen wird für jedes Gewerk ein entsprechender Supervisor entsandt (Mechanik, Elektrotechnik, Verfahrenstechnik, Regelung usw.). Der Kunde hat natürlich ein berechtigtes Interesse, dass die Supervisoren wirklich qualifiziert sind. Bevor er sie endgültig akzeptiert, verlangt er ihren

Lebenslauf   ■ curriculum vitae (lat.)

oder

die (wesentlichen) Lebensdaten   ■ the bio data

um sich zu vergewissern über die

Fertigkeit, Berufserfahrung   ■ skillness
Tüchtigkeit, Fähigkeit   ■ proficiency
Befähigung, Qualifikation   ■ competence

Manchmal verlangt er auch ein

Führungszeugnis (wörtl.:   ■ NOC = Non objection certificate
Bescheinigung, dass keine
Einwände bestehen)

Der Kunde seinerseits besorgt den Supervisoren die notwendige

Arbeitserlaubnis   ■ work permit
Aufenthaltserlaubnis   ■ residence permit

und er klärt (zusammen mit uns) die Frage der erforderlichen

Sozialversicherung   ■ social insurance

Erst wenn alle diese Voraussetzungen gegeben sind, kann es richtig losgehen. Abschluss der Montage und Inbetriebnahme ist schließlich die

Funktionsprobe   ■ functional test

Dann folgt üblicherweise ein

Probebetrieb(-Zeitraum)   ■ trial run (period)

der häufig auf vier Wochen angesetzt ist. In seinem Verlauf erfolgt der

Leistungsnachweis vor Ort   ■ FPT = Field Performance Test
(im Gegensatz zum Fabriktest)

Wir setzen an dieser Stelle voraus, dass er positiv verläuft. Damit sind
wir aber noch nicht aus dem Schneider, sondern der erwähnte Probebetrieb muss insgesamt störungsfrei abgelaufen sein (beispielsweise vier
Wochen lang). Dann erst erhalten wir ein heißersehntes Papier, nämlich
das berühmte

vorläufige Abnahmezeugnis   ■ PAC = Provisional Acceptance Cer-
                                                   tificate

Wir haben mit diesem Schritt die

vorläufige Übernahme   ■ PTO = Provisional Take Over

unserer Anlage erreicht. Dieser Vorgang heißt aus Kundensicht:

vorl. Übernahme erteilen, ausstellen   ■ to issue the PTO

„Vorläufig" deswegen, weil ab jetzt die vereinbarte Garantie- bzw. Gewährleistungszeit läuft (üblicherweise 12 Monate), in der noch

verdeckte Mängel   ■ latent defects / hidden defects

zu Tage treten können, die natürlich zu beheben sind. Wenn die Garan-
tie- bzw. Gewährleistungsperiode ohne Beanstandungen (bzw. mit be-
friedigender Bereinigung aufgetretener Beanstandungen) überstanden
ist, gibt es das projektabschließende

endgültige Abnahmezeugnis   ■ FAC = Final Acceptance Certificate

Diese zeitgeraffte Darstellung der Ereignisse muss noch etwas näher erläutert werden, vor allem in Bezug auf die Zahlungen, die damit verbunden sind.

Zunächst die *„negativen" Zahlungen*, die wir eigentlich vermeiden wollen –
die Pönalen (Vertragsstrafen) bzw. die Konventionalstrafen. Sie kommen zur Anwendung, je nach Vertragsgestaltung, wenn folgendes eintritt:

→ die Lieferzeit (oder Inbetriebnahme) wird überzogen

Wir tun natürlich alles um

pünktlich, planmäßig	◾ on time

zu liefern oder in Betrieb zu nehmen, notfalls haarscharf:

auf die Minute genau, gerade (noch) zur rechten Zeit	◾ just in time

Sind wir aber durch eigenes Verschulden am zugesagten Zeitpunkt

hinter dem Zeitplan	◾ beyond the schedule

bzw. einfach gesagt

verspätet	◾ delayed
Meldung der Verspätung	◾ notice of delay

so kommt, wie schon im Kapitel 2.3.2 beschrieben, die

Pönale für Verzug	◾ penalty for delay
Strafe, Geldbuße (Sport: Strafstoß)	◾ penalty

oder aber die

Verzugsentschädigung	◾ LDs' for delay

zur Anwendung, d.h. wir müssen regelrecht Strafe zahlen, je nach dem, was hierzu im Vertrag vereinbart wurde.

→ Nichterreichen von Garantiewerten/Gewährleistungswerten, oder von sonstigen zugesagten

(technischen) Merkmale(n), Eigenschaften	◾ features

In diesem Fall gibt es die entsprechende

Leistungspönale/- Konventionalstrafe	◾ performance penalty/-LD's
Pönale/Konventionalstrafe für nicht eingehaltenes XYZ	◾ penalty/LD's for non-compliance with XYZ ...

→ Pönale bzw. Konventionalstrafe wegen

Verzug in der (Bereitstellung von) Dokumentation	◾ delay in documentation

Der Normalfall sollte natürlich sein, dass eine Pönalesituation gar nicht eintritt, bzw. irgendwelche Verzugsentschädigungen gar nicht erst akut werden. Auf der anderen Seite die *„positiven" Zahlungen*, das heißt die noch ausstehenden Zahlungen des Kunden an uns. Sie betreffen den

- Lieferteil: die Anlage, das Material.

- Leistungsteil: die Montage, die Inbetriebnahme, Probebetrieb, Schulungen.

Zur Erinnerung: Bei Abschluss der Lieferung (FOB, CFR oder wie auch immer) haben wir im Allgemeinen 80% bis 85% vom *Gesamt*-Auftragswert erhalten. Es folgt die Montage, und schließlich erreichen wir PAC bzw. PTO (ist gleichbedeutend mit Betriebsbereitschaft der Anlage). Jetzt erst werden die restlichen Zahlungen an uns fällig, also die verbleibenden 20 oder 15%. Das „jetzt erst" kann eingeschränkt werden: Bei absehbar langer Montagezeit lässt sich Bezahlung nach dem realen

Montagefortschritt	■ progress of work

vereinbaren, wir erhalten dann

wöchentlich(e)	■ weekly

oder

monatlich(e)	■ monthly
Fortschrittszahlung(en)	■ progress payment(s)
Zahlung(en) nach Ereignissen	■ milestone payment(s)
(nach Ablauf-Etappen).	

Der Montagefortschritt muss natürlich belegt werden, und zwar durch periodische

Fortschrittsbericht(e),	■ progress report(s)

die wir erstellen müssen, und die der Kunde nach Einverständnis gegenzeichnet.

Eine andere Besonderheit bei der Bezahlung gibt es, wenn wir nur unsere Montage-Supervisor anbieten, die eigentliche Montageausführung also beim Kunden (oder seinem Beauftragten) liegt. Wir haben hierfür bereits in unserem Angebot den

Tagessatz	■ daily rate / per diem rate

für unsere(n) Supervisor genannt. Der gilt pro Kalendertag Anwesenheit vor Ort. Dieser Satz sollte

Kost und Logis	■ boarding and lodging

schon enthalten, während die

Reisekosten	■ travelling cost, travelling expenses

separat berechnet werden. Der endgültige Preis, den der Kunde für unsere(n) Supervisor zu bezahlen hat, errechnet sich demnach

nach tatsächlichem Aufwand	■ (based) on actuals, (billed) at cost

d.h. nach der tatsächlichen Montagedauer. Denkbar ist auch hier eine Vereinbarung von monatlicher Zahlung, aber genauso gut kann auch diese Zahlung insgesamt auf das berühmte PAC-Datum fixiert sein.

Nicht immer schaffen wir als Lieferant alle technischen Voraussetzungen, die zur Erteilung dieses wichtigen PAC am vereinbarten Datum nötig sind, wobei es oft nur Kleinigkeiten sind, welche fehlen oder nicht funktionieren (eine Pumpe, ein Filter, ein Schalter).

ausstehende Arbeiten	■ outstanding work

Wenn der Kunde kooperativ ist, so vereinbart er mit uns eine

Restpunkteliste (wörtl.: Schlag-Liste)	■ punch list
schlagen, boxen	■ to punch

also eine Liste derjenigen Mängel, die noch „durchgeboxt" werden müssen, und konditioniert seinen PAC

an die Bedingung geknüpft,	■ (PAC is) conditioned

dass die besagte Restpunkteliste bis dann und dann erledigt sein muss.

Ein verbleibendes „Druckmittel" in der Hand des Kunden ist nach wie vor die Vertragserfüllungsgarantie (wie erwähnt unter 2.3.3) in Höhe von zirka 10% des Vertragswertes. Es sollte angestrebt werden, dass dieser Garantiewert nach Erreichen des PAC halbiert wird, also auf 5 % gesenkt wird. Bei gutem Einvernehmen mit dem Kunden ist das sicher kein Thema. Manche Kunden bestehen allerdings darauf, dass die Vertragserfüllungsgarantie bis zu ihrem Ablauf in voller Höhe stehen bleibt.

Sie vermuten, der Lieferant wird dadurch besser motiviert, bei Beanstandungen rasch zu reagieren.

etwas beanstanden	■ to put in a claim / to claim
Beanstandung(en), Anspru(e)ch(e)	■ claim(s)

D.h. der Lieferant soll möglichst rasch für das

Ausbessern von Mängeln	■ removal of defects, rectification of defects

sorgen; es sei denn, die entsprechende Beanstandung erweist sich als unberechtigt oder überholt. Dann wird der Kunde

auf einen Anspruch verzichten	■ to waive a claim
Verzicht, Erlassen, Verzichtpapier	■ a waiver

Es gibt misstrauische Kunden, denen eine Garantievereinbarung nicht „druckvoll" genug erscheint. Sie bezahlen uns bei PAC beispielsweise erst 95% aus und behalten die verbleibenden 5% als

Rückbehalt, Restrate, zurückbehaltenes Geld	■ retention money

bis zum Garantie- bzw. Gewährleistungsende. Das ist für uns unangenehmer, da uns dieses Geld in unserer Zahlungsbilanz zunächst fehlt, d.h. wir müssen in der ausstehenden Zeit die aktuellen Zinsen dafür zahlen (= Garantieperiode/Gewährleistungsperiode = normalerweise ein Jahr). Hingegen sind die Kosten für Gestellung einer Garantie (Vertragserfüllungsgarantie) oder aber auch

Bankgarantie für Restrate	■ BGR = Bank Guarantee for Retention

nur ein Bruchteil der Zinskosten, je nach Bonität 0,25–0,5% per annum).

→ siehe hierzu Kapitel 3.7 „Bankgarantien"

Den Abschluss des Exportprojektes bildet, rein organisatorisch gesehen, das bereits erwähnte

endgültige Abnahmezeugnis	■ FAC = Final Acceptance Certificate

Das bedeutet in der Konsequenz

endgültige Übernahme (unserer Anlage)	■ FTO = Final Taking Over

Es gibt aber noch weitere Aktivitäten. Zum einen kann noch

Schulung	■ training

des Kundenpersonals vorgesehen sein. Wir unterscheiden

Schulung auf der Baustelle	■ training on site
Schulung im Werk	■ training at factory

Zum anderen müssen wir für unsere Anlage auch

Betriebshandbuch	■ OIM = Operation Instruction Manual, maintenance book

mitliefern.

Handbuch	■ manual
Instandhaltung, Wartung	■ maintenance

Die weitere Betreuung unseres Kunden übernimmt nun die Abteilung

Kundendienst	■ field support service, after sales service

Diese entsendet (mehr oder weniger regelmäßig) ihren

Kundendienstmann	■ field service representative, field service engineer

oder sie betreibt sonstigen

Betriebs- und Wartungsdienst	■ O & M Service = Operation and Maintenance Service

Womöglich gibt es im Kundenland sogar schon ein

Kundendienst-Center,	■ CSC = Customer Support Center

welches die anfallenden

Reperaturarbeiten	■ repairs
Überholung(en)	■ overhaul(s)
Inspektionen	■ inspections
Ersatzteilservice	■ spare parts service

übernimmt. Vermehrt wünschen Kunden heute den Voll-Service, also

(langfristigen) Betreiber-Vertrag	■ (long term) O & M Contract

Dann sind wir als Lieferant nach Fertigstellung der Anlage eine vereinbarte Zeit lang für ihren (ungestörten) Betrieb verantwortlich.

Ganz zum Schluss sollen noch einige *Ausdrücke und Abkürzungen* erläutert
werden, die an jeder Stelle des Textes erscheinen konnten. Sie werden
häufig in technischen Texten verwendet. Die Abkürzungen leiten sich
jeweils von der lateinischen Bezeichnung her, die eigentliche Ausspra-
che gibt es aber nur im Englischen.

Abkürzung im Englischen	Lateinische Bedeutung	Ausgesprochen im Englischen	Deutsche Bedeutung
i.e.	id est	that is / that means	d.h., das heißt
e.g.	exempli gratia	for instance / for example	z.B., zum Beispiel
viz	vicelicet	namely	u.z., und zwar
a.m.	ante meridiem	beforenoon	0.00 – 12.00 Uhr
p.m.	post meridiem	afternoon	12.00 – 24.00 Uhr
vs.	versus	against	gegenüber (entgegengesetzt zu)

2.5
Schematische Darstellung des Exportprozesses

Die folgenden Grafiken bringen die optische Zusammenfassung des Ex-
portgeschehens, wie es im Kapitel 2 beschrieben ist. Dabei werden die
vier Phasen mit ihren wichtigsten Begriffen über eine Zeitachse darge-
stellt. Für jede Phase gibt es eine deutsche und eine englische Darstellung.

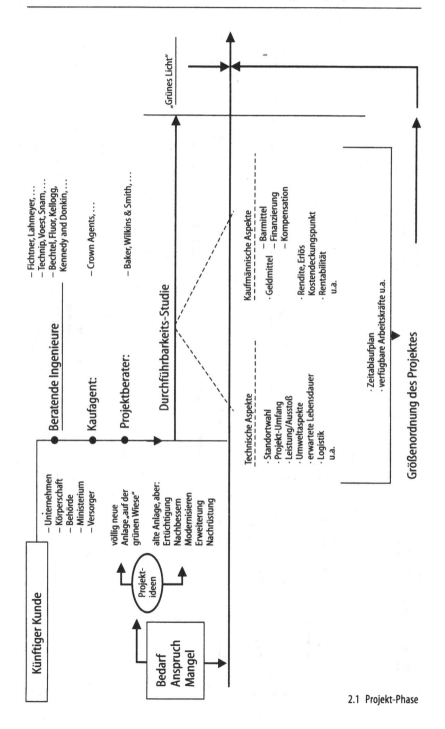

2.1 Projekt-Phase

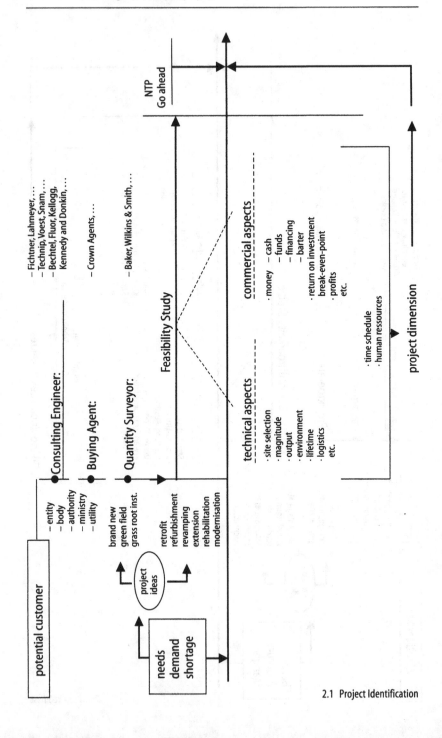

2.1 Project Identification

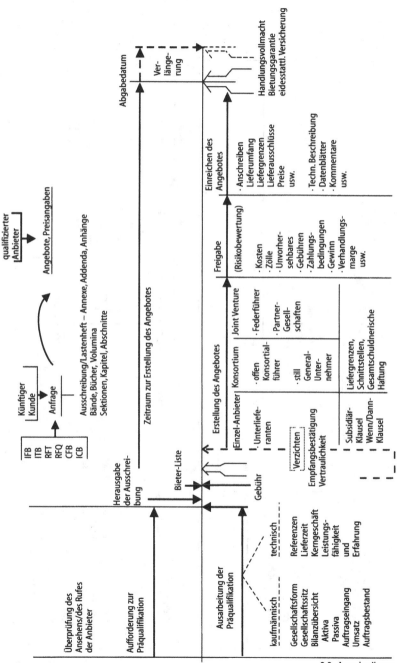

2.2 Ausschreibung

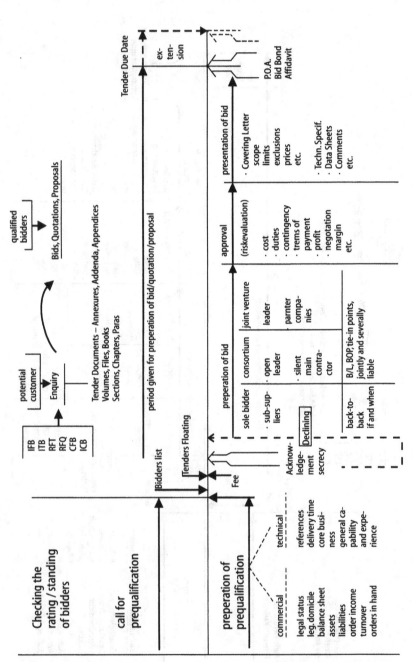

2.2 Tender Procedure

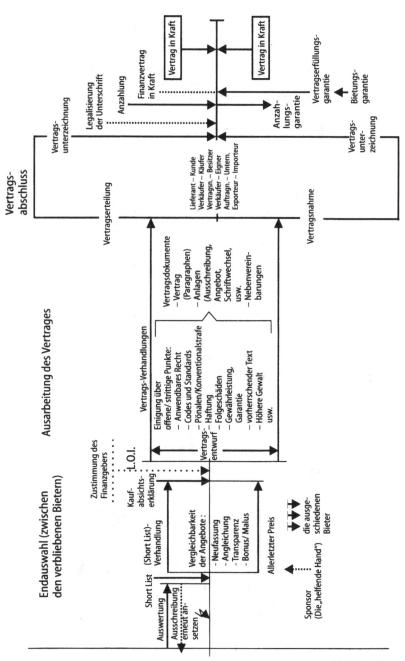

2.3 Verhandlung

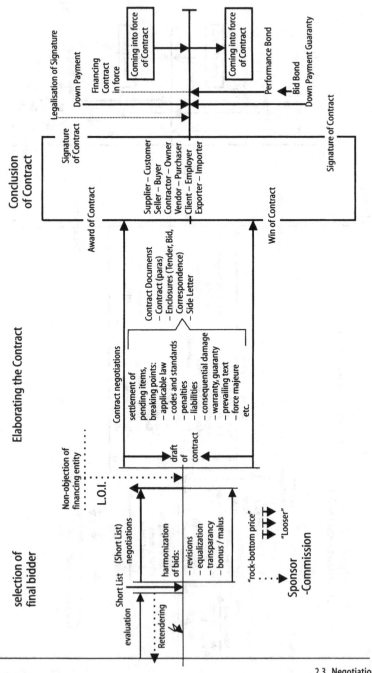

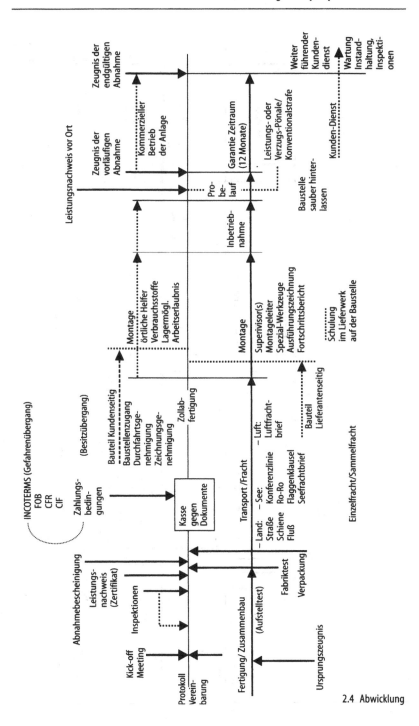

2.4 Abwicklung

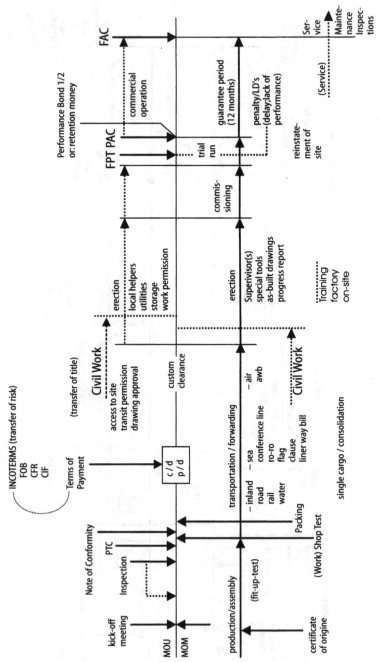

2.4 Execution

3 Spezialthemen

3.1
Consulting Engineers – Beratende Ingenieure

Entwicklung

Die Anfänge der weltweit bekanntesten *Consulting Engineers* (Ingenieurgesellschaften) lagen Anfang dieses Jahrhunderts vor allem in den USA, wo Firmen wie Bechtel, Kellogg, Fluor, Foster Wheeler usw. sich etablierten. Sie waren als Montagefirmen zunächst vor allem in der Bauindustrie tätig, zum Teil waren sie auch Hersteller von Ausrüstungsteilen. Der einsetzende Öl- und Gasboom der 20er Jahre in den US-Südstaaten gab ihnen neue Entwicklungsmöglichkeiten.

Der eigentliche Aufschwung kam für viele dieser Firmen mit der Beteiligung am Aufbau der Rüstungsindustrie im 2. Weltkrieg. Nach dessen Beendigung konnte der amerikanische Markt die aufgebauten Kapazitäten nicht mehr beschäftigen, und so orientierten sich die US-Ingenieurgesellschaften gezielt Richtung Ausland. Die heutige Dominanz der amerikanischen Consulting Engineers, der großen, weltweit operierenden Ingenieurgesellschaften, stammt noch aus dieser Zeit. Es half ihnen auch ein wichtiger technologischer Vorteil, nämlich die frühe Orientierung der USA auf die Petrochemie, während Europa noch auf den Energieträger Kohle orientiert war. Als dann die Rohstoffbasis in den sechziger Jahren weltweit von Kohle auf Erdöl umgestellt wurde, waren die amerikanischen Consulting Engineers entsprechend begünstigt durch ihren Vorsprung an know-how.

Die europäischen Ingenieurgesellschaften haben mittlerweile in vielen Bereichen gleichgezogen, sie erreichen aber bei weitem nicht die Größenordnung der amerikanischen Unternehmen. Bei internationalen Ausschreibungen werden wir es also häufiger mit den letzteren zu tun haben.

Aufgabenstellung

Ein Consulting Engineer/Beratender Ingenieur, meist abgekürzt zu Consultant, erbringt gegen Honorar ingenieurmäßige Dienstleistungen für Kunden, deren eigene Ingenieurkapazität für eine bestimmte Aufgabe nicht ausreicht (oder gar nicht vorhanden ist), so z.B.

- Erstellung von Durchführbarkeitsstudien,
- Projektierung von Anlagen,
- Ausarbeitung von Ausschreibungsunterlagen,
- Auswertung erhaltener Angebote und Beratung bei der Auftragsvergabe,
- Termin- und Kostenüberwachung von abzuwickelnden Projekten und dergleichen.

Ein Consulting Engineer kann aber auch als

| (Haupt-)Unternehmer | ■ (main) contractor |

für die komplette Erstellung einer Anlage (Lieferung und Errichtung) herangezogen werden. Die heute gängige Bezeichnung dafür lautet

| Generalunternehmer für | ■ EPC-Contractor |
| Auslegung,Beschaffung, Errichten | (EPC = Engineering, Procurement, Construction) |

Bekannte Consulting Engineers. Die folgende Liste ist unvollständig. Es ist damit keinerlei Wertung verbunden. Die Reihenfolge ist alphabetisch.

- *Deutsche Unternehmen*
  EUC / ECH, Heidelberg
  Fichtner Beratende Ingenieure, Stuttgart
  Lahmeyer International, Bad Vilbel (bei Frankfurt a.M.)
  Linde, München
  Uhde, Dortmund usw.

- *Europäische Unternehmen*
  Elektrowatt, Schweiz
  Merz & McLellan, Großbritannien
  Snam Projetti, Italien
  Spie-Batignolle, Frankreich
  Sulzer, Schweiz
  Technip, Frankreich

Voest-Alpine, Osterreich
Wagner-Biro, Österreich usw.

- *Japanische Unternehmen*
  Chiyoda, Jokohama
  Tomen, Tokio
  Toyo Engineering, Funabashi usw.

- *Internationale bzw. amerikanische Unternehmen*
  Bechtel
  Black and Veatch
  Brown and Root
  Daelim
  Elliot
  Ewbank-Preece
  Fluor
  Foster-Wheeler
  Kaiser Engineering
  M.W. Kellogg
  Kennedy and Donkin
  Kidder, Peabody and Co.
  Motor Columbus
  Stone and Webster usw.

Verwandte Unternehmen. Es gibt historisch gewachsene, eigenständige Institutionen, die heutzutage vielfach Überschneidungen zum Consulting Engineer bieten. Man könnte sie insgesamt als *Consultants* zusammenfassen. Zum einen ist das der

Kaufagent	■ buying agent

Er handelt für seinen Kunden wie ein Consulting Engineer bei Projekt-Beratung und dergleichen. Eine bekannte (britische) Firma, weltweit aktiv, ist Crown Agents (sie handelt sozusagen im Namen der Krone, daher der Name). Ähnlich ist es bei dem

(gemieteten) Baukostenberater.	■ (chartered) quantity surveyor

Er bietet Kostenberatung und Kostenkontrolle vor allem bei Bauprojekten. Er berät außerdem bei Angebotseinholung und bewertet die Bauausführung. Ein (wiederum britisches) Beispiel ist die Firma BAKER, WILKENS & SMITH.

Die FIDIC-Conditions

Die Rechte und Pflichten eines Consultant's (allgemein) sind klar definiert in den sogenannten „FIDIC-International Conditions", die bei internationalen Verträgen häufig vereinbart werden (darin sind viele weitere vertragsrelevante Begriffe sehr genau definiert). Sitz der FIDIC ist Den Haag. Die Abkürzung ist französisch:

Internationaler Bund der Beratenden Ingenieure	■ FIDIC = Fédération Internationale des Ingénieurs-Conseils

3.2
Die INCOTERMS

Historische Entwicklung

Streitfälle im internationalen Handel rührten (und rühren) oft daher, dass ein bestimmter Begriff oder Vorgang in verschiedenen Ländern ganz unterschiedlich interpretiert wird, was den betroffenen Parteien, also Verkäufer (Lieferant) und Käufer (Kunde), meist vorher gar nicht bewusst ist. Speziell die Frage, wann der sogenannte *Gefahrenübergang* stattfindet, muss im Havariefall klar definiert sein. Dies wird gern an einem etwas drastischen Beispiel erläutert:

Fallbeispiel. Ein Schwergutteil soll im Hafen per Kran auf das Schiff verladen werden. Es schwebt schon über dem Deck, als das Seil reißt und das schwere Teil schlägt auf und sogar durch das Deck und stürzt in den Frachtraum. Wer ist jetzt für den Schaden haftbar? Nominell ist das Frachtgut ja „an Bord". Hat also der anliefernde Spediteur (namens des Verkäufers) seine Aufgabe erfüllt? Es gibt nun die verschärfte Variante: Das Teil schlägt im Frachtraum auch noch durch den Schiffsboden, fällt bis auf den Hafengrund, daraufhin sinkt das Schiff und sackt obendrauf. Wer hat jetzt den Schwarzen Peter? Ende der Schauergeschichte: Es gibt Vereinbarungen zur Frachtstellung, nämlich die INCO-TERMS, die definieren für obige Liefersituation *F.O.B. = Free on Board: Gefahrenübergang* findet statt, sobald „das Frachtgut die Schiffsreeling im benannten Verschiffungshafen überschritten hat", egal, was dann noch alles passiert.

Die Gefahr trägt ab diesem definierten Moment der Käufer. Wäre das Teil aus unserem Beispiel an das Schiff angeschlagen und dann auf den Kai zurückgefallen, so wäre die Gefahr auf der Verkäufer(-Lieferanten)-Seite verblieben.

Eine andere sensible Frage bei Exportgeschäften muss genauso unmissverständlich geklärt werden: Wann und wo genau findet der Besitzübergang statt (nämlich der Besitzübergang des Exportgutes vom Lieferanten auf den Kunden). Der eben genannte Gefahrenübergang ist nämlich *nicht* automatisch auch schon der Besitzübergang.

Die Notwendigkeit, klare und international gültige Vereinbarungen und Festlegungen auf dem Frachtsektor zu schaffen, die die Rechte und Pflichten von Käufer und Verkäufer möglichst eindeutig definieren, wuchs mit dem Anstieg des internationalen Handels nach dem Ersten Weltkrieg. Die Internationale Handelskammer (gegründet 1919) schuf schließlich 1936 ein entsprechendes Regelwerk, die sogenannten INCO-TERMS 1936.

Die Abkürzung leitet sich noch vom Titel der ursprünglichen Studiengruppe ab, die das Ganze ausarbeitete, nämlich „International Commercial Terms" (Internationale Handels-Klauseln). Unter Beibehaltung dieses Titels wurden die INCOTERMS offiziell weitreichender definiert, so dass Abkürzung und Definition nicht mehr ganz übereinstimmen:

| Internationale Regeln für die Auslegung von Handelsklauseln | ■ International rules for the interpretation of trade terms |

Sie wurden nach dem Zweiten Weltkrieg dreimal grundlegend revidiert, zunächst 1953 (INCOTERMS 1953), dann 1990 und zuletzt wieder 2000, so dass wir jetzt aktuell die INCOTERMS 2000 vorliegen haben. Es gab auch zwischendurch laufend Ergänzungen, die den neuen Bedingungen jeweils Rechnung trugen (z.b. die Einführung des Begriffs „FOB Airport" im Jahre 1976 usw.).

Die INCOTERMS zielen zunächst auf freiwillige Benutzung zwischen internationalen Vertragsparteien, sie haben sich aber als so vorteilhaft erwiesen, dass sie in den meisten Exportverträgen ganz selbstverständlich vereinbart werden, oft ist ihre Anwendung schon in der Ausschreibung direkt vorgegeben. Dann lautet die Formulierung bezüglich Frachtstellung:

| gemäß INCOTERMS, letzte Ausgabe | ■ according to INCOTERMS, latest edition |

Die INCOTERMS in ihrer neuesten Version werden wie gesagt publiziert durch die

| Internationale Handelskammer | ■ ICC = International Chamber of Commerce |

mit der Adresse:

- ICC International Headquarters
  Publications Division
  38, Cours Albert 1er, 75008 Paris, F

Sie können in Deutschland bezogen werden durch:

- Deutsche Gruppe der ICC – Vertriebsdienst –
  Kolumbastraße 5, 50667 Köln

Begriffe der INCOTERMS

Mit den INCOTERMS 1990 wurde eine Einteilung der Lieferklauseln in vier verschiedene Gruppen festgelegt: E-Klausel, F-Klauseln, C-Klauseln und D-Klauseln.

Gr.	Charakteristikum	INCOTERMS-Kurzzeichen	Bedeutung englisch	Bedeutung deutsch
E	Abholklausel	EXW	ex works	ab Werk
F	Haupttransport wird vom Verkäufer nicht bezahlt	FCA	free carrier	frei Frachtführer
		FAS	free alongside ship	frei Längsseite Schiff
		FOB	free on board	frei an Bord
C	Haupttransport wird vom Verkäufer bezahlt	CFR	cost and freight	Kosten und Fracht
		CIF	cost, insurance and freight	Kosten, Versicherung und Fracht
		CPT	carriage paid to	frachtfrei
		CIP	carriage and insurance paid to	frachtfrei versichert
D	Ankunftsklauseln	DAF	delivered at frontier	geliefert Grenze
		DES	delivered ex ship	geliefert ab Schiff
		DEQ	delivered ex quay (duty paid)	geliefert ab Kai (verzollt)
		DDU	delivered duty unpaid	geliefert unverzollt
		DDP	delivered duty paid	geliefert verzollt

Im zugehörigen Textteil jeder Lieferklausel werden die jeweiligen Rechte und Pflichten von Käufer/Verkäufer genau beschrieben (wozu auch die Definition des Gefahrenüberganges gehört). Eine weiterführende Beschreibung bietet die ICC-Publikation No. 461 „Guide to INCO-TERMS" (beinhaltet u.a. Balkendiagramme zur Verdeutlichung der Lieferklauseln). *Hinweis:* Das heutige Kurzzeichen CFR lautete früher (INCOTERMS 1953) noch einfach C + F (cost and freight). Obwohl jetzt überholt, wird C + F mitunter noch benutzt.

Besonderheit: Eine kleine Marotte unserer stolzen französischen Nachbarn muss noch erwähnt werden. Sie bringen es nicht immer übers nationale Herz, den weltweit gängigen englischen Ausdruck FOB einfach so hinzunehmen. Sie sind im Stande, uns in Englisch etwas mitzuteilen, aber mittendrin gibt es die dunkle Abkürzung FAB. Dies heißt dann, wie jedermann gefälligst zu wissen hat: *franc à bord – frei an Bord.* Das würde sogar mit der deutschen Abkürzung einhergehen, aber von solchen Eigenbröteleien soll man sich gar nicht erst anstecken lassen.

3.3
Zahlungsbedingungen

Die Zahlungsbedingungen bei Exportprojekten lassen sich unter verschiedenen Gesichtspunkten sehen.

Die Quellen, aus denen der Kunde seine Zahlungen für das Exportgeschäft schöpft:

- Hat er Barmittel verfügbar (Cash-Geschäft)?
- Steht ihm eine Finanzierung im Zuge von Kapitalhilfe/Entwicklungshilfe oder von sonstiger offizieller Seite zur Verfügung?

→ siehe hierzu Kapitel 3.9 und 3.10

- Wünscht er, dass wir ihm mit unserem Angebot eine eigene Finanzierung präsentieren?

→ siehe hierzu Kapitel 3.5

Die Projektart bzw. der Projektverlauf:

- Bei Lieferung von Konsumgütern, Halbzeugen, Rohstoffen oder sonstigen Produkten, die vom Kunden *sofort* in eigener Regie übernommen werden können gilt im wesentlichen nur:

Zahlung bei Lieferung   ■ cod = cash on delivery

- Bei Anlagen (oder Anlagenteilen), die zu liefern und zu
  installieren sind, gibt es gestaffelte Zahlungsbedingungen, deren
  Sinn darin besteht, den langfristigen Projektabläufen gerecht zu
  werden, und zwar aus Kunden- und aus Lieferantensicht. Man
  spricht von leistungsbegleitenden Zahlungen bzw. von
  ereignisnahen Zahlungen.

Eine Anlage zu projektieren, zu produzieren, zu liefern, zu installieren
und in Betrieb zu nehmen, kann sich u.U. über einige Jahre hinziehen,
was die Zahlungsbedingungen entsprechend widerspiegeln.

Der Lieferant benötigt die *Anzahlung,* um bei seinen Unterlieferanten
die notwendigen Bestellungen auslösen zu können (die dafür ihrerseits
Anzahlungen verlangen), und um Engineerings- und Projektarbeit erfüllen zu können, wozu auch die Erstellung von Dokumentation gehört.
Eventuell sind *Zwischenzahlungen* nötig, wenn etwa die Produktion sehr
langwierig ist, und die auflaufenden Kosten die ursprüngliche Anzahlung übersteigen. Wenn die Anlage schließlich produziert ist und auf
Transport geht, wird bekanntlich der Hauptteil der Zahlung fällig. Es ergibt sich häufig, dass eine zu liefernde Anlage komponentenweise erstellt wird, somit zu unterschiedlichen Zeitpunkten fertiggestellt und
versandt wird (der Sammeltransport einer gesamten Anlage lässt sich
nur sehr selten realisieren). Dafür vereinbart man dann *prorata Zahlung*,
auch genannt *ratierliche Zahlung,* und zwar, wie der Name sagt, je erfolgter
Lieferrate. Die *Rest-Zahlung* wird fällig, wenn wir als Lieferant sonstige
Verpflichtungen, die über die reine Lieferung hinausgehen, zufrieden-
stellend erfüllt haben.

Tabelle: Beispiel für Zahlungsbedingungen eines Exportprojektes
(Lieferung und Errichtung einer Anlage)

Prozentsatz vom Gesamtpreis	Bezeichnung	Ereignis, an das die Zahlung geknüpft ist	Summe in Prozent
10%	Anzahlung	nach Inkrafttreten des Vertrages	10
15%	Zwischenzahlung	nach halber Produktionsphase	5
65%	ratierlich	pro rata Lieferung	90
10%	Restrate	bei vorläufiger Abnahme (PAC)	100

Mitzuliefernde Ersatzteile erhalten etwas abweichende Zahlungsbedingungen, sofern sie nicht parallel mit der eigentlichen Anlage geliefert werden.

Separate Vereinbarung kann auch für spezielle Dokumentation, für Schulung des Kunden oder sonstigen Service getroffen werden. Das letztendliche Aushandeln der beschriebenen Zahlungsbedingungen wird von der unterschiedlichen Interessenlage der beiden beteiligten Parteien diktiert:

- Der Kunde (Käufer) möchte natürlich seine Zahlungen grundsätzlich *spät* ansetzen (um sein Budget zu schonen), und vom Betrag her möchte er die Anzahlung möglichst klein halten, aber die Restrate möglichst groß.

- Dem entgegengesetzt wünscht der Lieferant (Verkäufer) alle Zahlungen so *früh* wie möglich zu erhalten, und dabei soll die Anzahlung hoch und die Restrate möglichst gering sein.

Es muss demzufolge immer einen vernünftigen Kompromiss zwischen beiden Motivlagen geben, der bei jedem Exportprojekt neu auszuhandeln ist.

Die Frage nach der möglichen Zahlungsabwicklung:

Gemeint ist hiermit die finanztechnische Ausführung (Abwicklung) der Zahlungen. Wir unterscheiden

→ die *nichtdokumentäre Zahlung,* auch genannt

    reine Zahlung   ■ clean payment

Der Versand der Waren erfolgt vom Lieferanten direkt an den Kunden, ohne dass daran besondere Bedingungen geknüpft sind. Dies setzt natürlich voraus, dass der Kunde dem Lieferanten sehr gut bekannt ist.

- Überweisung (brieflich, fernschriftlich oder telegraphisch)

- Scheck

    Scheck   ■ (brit.:) cheque / (amerikan.:) check

- Wechsel

    • Zahlungsanweisung („Gegen diesen Wechsel zahlen Sie ...")

    gezogener Wechsel, Tratte   ■ draft / bill of exchange

- Zahlungsversprechen („Gegen diesen Wechsel zahlen wir …")

  Solawechsel, trockener Wechsel   ■ promissory note

→ die *dokumentäre Zahlung*

Kennzeichnend ist, dass Banken bei der Zahlungsabwicklung zwischen Verkäufer und Käufer eingeschaltet werden. Es handelt sich um ein sog. Zug-um-Zug-Geschäft, bei dem Dokumente (die die Warenlieferung oder die erbrachte Dienstleistung ausweisen) eingereicht, vorgelegt und aufgenommen werden müssen, damit Zahlung ausgelöst wird. Unter den genannten *Dokumenten* versteht man sogenannte Zahlungspapiere und Handelspapiere.

Zahlungspapiere sind Wechsel, Schecks, Zahlungsanweisungen, Zahlungsquittungen oder andere Dokumente, die zum Erlangen von Zahlungen dienen. *Handelspapiere* sind Rechnungen, Frachtbriefe, Verladedokumente, Ursprungszeugnisse und ähnliche Dokumente

Für dokumentäre Zahlung sind als Verfahren zu nennen

- das Dokumenten-Inkasso,

- das Dokumenten-Akkreditiv.

Es sei gleich vorweg gesagt, dass das letztere im Exportgeschäft heute die überragende Rolle spielt, weshalb es in Kapitel 3.4 gesondert behandelt wird. Dagegen ist die Bedeutung des Dokumenten-Inkasso im Exportgeschäft zurückgegangen. Das „Inkasso" ist allgemein der Auftrag eines Kunden an seine Bank, gegen Aushändigung bestimmter Dokumente

- einen Geldbetrag einzuziehen, und zwar

  Kasse gegen Dokument   ■ p/d = payment against documents
  Dokumente gegen Kasse   ■ d/p = documents against payment

- bei Gewährung eines Zahlungsziels ein Akzept einzuholen, und zwar

  Dokumente gegen Akzept (Akzept   ■ d/a = documents against
  meint Annahme eines Wechsels)   acceptance

Übersicht: Es gibt für das Dokumenten-Inkasso keine gesetzlichen Regelungen, aber eine gute Basis bietet eine Ausarbeitung der Internationalen Handelskammer Paris: „Einheitliche Richtlinien für Inkassi" (Publikation No. 322 der ICC = Internat. Chamber of Commerce).

→ Adresse der ICC Paris bzw. der deutschen Landesgruppe in Köln siehe unter Kapitel 3.2

3.4
Das Dokumenten-Akkreditiv

Das Dokumenten-Akkreditiv ist heute das klassische Instrument der *Zahlungsabwicklung* bei Exportprojekten. Allgemein gesagt handelt es sich bei einem Akkreditiv (das Wort stammt vom lateinischen credere = vertrauen, glauben) um das Zahlungs- bzw. Leistungsversprechen einer Bank an einen Begünstigten (= Exporteur). Der Name *Dokumenten*-Akkreditiv besagt, dass die Abwicklung der Zahlungen (bzw. Leistungen) strikt an bestimmte Dokumente gebunden ist, die den erfolgten Versand der Ware oder die erbrachte Dienstleistung ausweisen. Diese Dokumente sind „Zahlungspapiere" (Wechsel, Schecks, Zahlungsquittungen usw.) und „Handelspapiere" (Rechnungen, Frachtbriefe, Verladedokumente, Dispositionspapiere usw.). Es handelt sich um ein so genanntes Zug-um-Zug-Geschäft, d.h. Zahlung (bzw. Leistung) wird nur ausgelöst bei entsprechender Vorlage der besagten Dokumente. Für die Durchführung sind Banken auf der Käufer- und Verkäuferseite eingeschaltet.

Ablauf

- Der Importeur (Käufer) erteilt seiner Bank den Auftrag zur Eröffnung des Akkreditivs. Sie wird als Importeurbank bzw. „eröffnende Bank" bezeichnet.

- Die eröffnende Bank (Importeurbank) schaltet üblicherweise eine Bank im Lande des Exporteurs ein (Exporteurbank).

- Diese avisiert im Normalfall dem Exporteur, also dem Begünstigten, die Eröffnung des Akkreditivs. Sie wird insofern auch als „avisierende Bank" bezeichnet. Die Exporteurbank/avisierende Bank kann im besonderen Fall dem Begünstigten den Akkreditiv zusätzlich „bestätigen". Dies wird im folgenden noch näher erläutert.

- Der Verkäufer/Exporteur hat seine Ware verladen und versandfertig, d.h. er hat auch alle dazugehörigen, vereinbarten Dokumente erstellt und übergibt sie an die avisierende Bank (Exporteurbank).

- Zug-um-Zug: Die Exporteurbank prüft die Dokumente (Vollständigkeit, Korrektheit, Anzahl usw.) und schreibt danach dem Verkäufer/ Exporteur den Akkreditivbetrag gut (also den Kaufpreis). Im selben Zeitraum übergibt die Exporteurbank die Dokumente an die Importeurbank (eröffnende Bank) und erhält ihrerseits von dieser den

Kaufpreis verrechnet, nachdem die Dokumente auch dort geprüft
und für gut befunden worden sind. Parallel dazu werden die Dokumente von der Importeurbank (eröffnenden Bank) dem Importeur
(Käufer) vorgelegt und der überweist seinerseits den Kaufpreis an die
erstere, wiederum nach Prüfung der Dokumente. Der Importeur
(Käufer) übergibt schließlich die Dokumente an den Spediteur und
dieser händigt ihm dafür die Ware aus.

Akkreditivarten

Widerrufliches Akkreditiv   ■ revocable L/C
Unwiderrufliches Akkreditiv   ■ irrevocable L/C

Aus Sicht des Verkäufers/Exporteurs sollte unwiderrufliches Akkreditiv
vereinbart werden, denn es kann nur mit seiner Zustimmung geändert
(oder zurückgezogen/widerrufen) werden.

Bestätigtes Akkreditiv   ■ confirmed L/C
Unbestätigtes Akkreditiv   ■ unconfirmed L/C

Das bestätigte Akkreditiv (siehe oben) bietet dem Verkäufer/Exporteur
das höchste Maß an Sicherheit, denn die Bank des Verkäufers (Exporteurbank) übernimmt neben der das Akkreditiv eröffnenden Bank des
Käufers (Importeurbank) die Verpflichtung, in jedem Fall die Zahlung
an den ersteren auszuführen, also selbst dann, wenn die eigentlich dazu
verpflichtete Importeurbank nicht willens oder in der Lage ist. Somit
sind bei dieser Art Akkreditiv für den Lieferanten/Verkäufer alle wirtschaftlichen und politischen Risiken aus dem Kundenland abgefangen
(bezüglich Zahlungsausfall). Jedoch ist bestätigtes Akkreditiv (es geht
quasi zu Lasten der Exporteurbank) oft schwierig zu erlangen, und so
muss man häufig unbestätigtes Akkreditiv akzeptieren. Es müssen dann
die Risiken des Geschäftes bezüglich Kunde und Kundenland mit anderen Instrumentarien abgefangen werden.

→ siehe hierzu Kapitel 3.11

Teilbares Akkreditiv   ■ divisible L/C
Unteilbares Akkreditiv   ■ undivisible L/C

Die Festlegung hängt ab vom zeitlichen Ablauf der Lieferung. Wenn z.B.
eine Anlage in verschiedenen Etappen geliefert wird, so ist ein teilbares
Akkreditiv sinnvoll, damit Zahlung „geteilt", also entsprechend den

Teilverschiffungen, erfolgen kann. Bei unteilbarem Akkreditiv kann nur der gesamte Betrag, kein Teil davon, behoben werden.

| Übertragbares Akkreditiv | ▣ transferable L/C |
| Nicht übertragbares Akkreditiv | ▣ non transferable L/C |

Wenn ein „übertragbares" Akkreditiv vereinbart wird, bedeutet dies, dass der Begünstigte (also Verkäufer/Exporteur) Weisung geben kann, dass die ihm zustehenden Zahlungen bzw. Leistungen ganz oder teilweise auf einen (mehrere) Dritte(n) übertragen werden, z.b. Konsortialpartner.

Akkreditivauszahlung

Die Auszahlung erfolgt entweder sofort – dies ist der (übliche) Fall bei einem so genannten Sichtakkreditiv bzw. allgemein ausgedrückt bei

| Sichtzahlung | ▣ sight payment |

Unter „Sicht" versteht man „Vorlage", also Zahlung bei Vorlage der Dokumente. Man stößt in den letzten Jahren aber häufig auch auf die Forderung nach Gewährung von offenem Zahlungsziel,

| Hinausgeschobene Zahlung, | ▣ deferred payment |
| Nach-Sicht-Zahlung, | |

also Zahlungsstellung erst 120, 180 oder 360 Tage nach eigentlicher Fälligkeit (im Iran wurden sogar schon 720 Tage Zahlungsziel gewünscht). Der englische Ausdruck für dieses Akkreditiv lautet

| Akkreditiv mit hinausgeschobener | ▣ deferred payment L/C, |
| Zahlung, Nach-Sicht-Akkreditiv | oder auch: usance L/C |

„Usance" ist als ursprünglich lateinisches Wort auch im Deutschen bekannt: eine Sache ist Usus (Brauch). Es gibt in dem Zusammenhang den englischen Begriff

| Nach-Sicht-Tratte (Wechsel) | ▣ usance draft |

Dieser Wechsel ist auf z.b. 120 Tage nach Sicht (Vorlage) gestellt, und das wird im Englischen als (besonderer) Usus, Brauch des Wechselgeschäfts zum Ausdruck gebracht: Daher die analoge Bezeichnung beim Akkreditiv mit hinausgeschobenem Zahlungsziel: usance L/C.

Sonstige Formen von Akkreditiven

Revolvierendes Akkreditiv   ■ revolving (letter of) credit

Dieses kann nach erfolgter Inanspruchnahme automatisch nochmals (auch mehrfach) verwendet werden, je nach Vereinbarung.

Negoziierbares Akkreditiv,   ■ negotiable (letter of) credit
begebbares Akkreditiv

Durch Begebung übertragbares Akkreditiv; besagt, dass die Abwicklung des Akkreditivs keinen besonderen Einschränkungen unterworfen ist.

Hinweis: Alle Details über Dokumenten-Akkreditive sind niedergelegt in einer Publikation (No. 400) der Internationalen Handelskammer, Paris: „Einheitliche Richtlinien und Gebräuche für Dokumenten-Akkreditive". Sie stellt eine weltweit gültige Regelung dar. Diese Broschüre kann bezogen werden bei Banken oder über die Deutsche Gruppe der Internationalen Handelskammer Köln, deren Adresse in Kap. 3.2 genannt ist.

3.5
Exportfinanzierung

Das Zustandekommen eines Exportgeschäftes hängt – neben den sonstigen Wettbewerbskriterien – oft davon ab, welche Möglichkeiten der Anbieter für eine Finanzierung dieses Projektes hat. Selbst wenn eine Ausschreibung gar nicht ausdrücklich danach fragt, kann es im Verlauf des Projektes jederzeit zu dieser Frage kommen. (Separat zu betrachten sind Projekte, deren Finanzierung von außerhalb gesichert ist, z.B. im Zuge von Entwicklungshilfe, wie in den Kapiteln 3.9 und 3.10 beschrieben.)

Ein Anbieter (Exporteur), der eine Finanzierung für seinen Kunden (Importeur) darstellen will, kann dies mit Eigenmitteln tun, sofern verfügbar; oder er muss ein Kreditinstitut (in der Regel seine Hausbank) einschalten. Dabei stehen ihm hauptsächlich zwei Wege offen:

- Der Exporteur selbst gewährt seinem Kunden einen Kredit (sprich Zahlungsziel), den er durch eigene Kreditaufnahme bei seiner Hausbank refinanziert. Das ist der

  Lieferantenkredit, Exporteurkredit.   ■ supplier's credit

- Der Exporteur lässt durch seine Bank für den Kunden (Besteller) einen Kredit gewähren. Das ist der

Bestellerkredit, Kundenkredit	■ buyer's credit

auch genannt„gebundener Finanzkredit", insofern er an das konkrete Liefer- und Leistungsgeschäft des deutschen Exporteurs gebunden ist. Zu beachten ist, dass derartige Finanzierungen nur selten 100% des zugrunde liegenden Liefergeschäftes abdecken, sondern üblicherweise maximal 85%, da man zumindest von 15% An- und Zwischenzahlungen ausgeht, die der Käufer aus eigenen Mitteln aufbringt. Die Rückzahlung der kreditierten 85% erfolgt in gleich hohen, aufeinanderfolgenden Halbjahresraten. Dabei wird eine

tilgungsfreie Zeit	■ grace period

eingeräumt, d.h. die erste Rückzahlungsrate ist erst sechs Monate (oder sonstiger Zeitraum) nach dem „starting point" fällig. Als solcher wird ein markanter Projektzeitpunkt vereinbart, etwa der Zeitpunkt der Versandbereitschaft oder des Lieferendes o.ä.

Meilenstein, markanter Punkt (im Projektablauf)	■ milestone

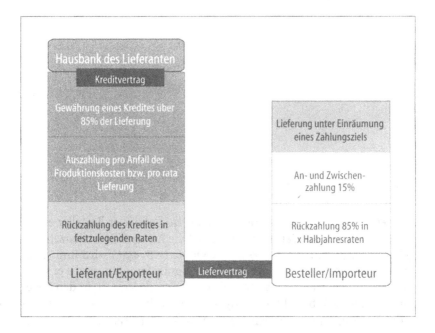

Lieferantenkredit (Exporteurkredit)

Lieferantenkredit (Exporteurkredit, siehe Grafik vorige Seite). Der Besteller erhält seine Ware, obwohl er erst die An- und Zwischenzahlung geleistet hat (z.b. 15%) Die Rückzahlung der restlichen Quote (z.B. 85%) erfolgt in Halbjahresraten, d.h. weit nach Anlieferung der Ware (= Gewährung eines Zahlungsziels). Diese Rückzahlung kann aus den Erlösen des Betreibens der Anlage bestritten werden, somit ist dieses Verfahren bilanzentlastend für den Besteller. Der Lieferant hingegen belastet seine Bilanz: Er muss einen Kredit aufnehmen zur Finanzierung seiner Produktionsaufwendungen und/oder zur Refinanzierung des dem Besteller gewährten Zahlungsziels. Also ist diese Variante für den Lieferanten ungünstig!

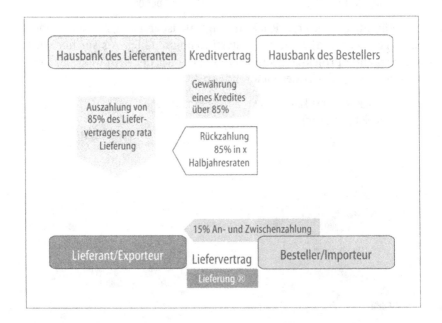

Bestellerkredit/Finanzkredit (Kundenkredit)

Bestellerkredit/Finanzkredit (Kundenkredit, siehe obige Grafik): Der Besteller erhält seine Ware zu einem Zeitpunkt, da er erst die An- und Zwischenzahlung geleistet hat (z.b. 15%). Die restliche Quote (z.B. 85%) wird ihm (über seine Bank) kreditiert von der Hausbank des Lieferanten, an die er seine Rückzahlung in Halbjahresraten leistet. Der große Vorteil für den Lieferanten seinerseits besteht darin, dass er diesmal kein Zahlungsziel zu gewähren hat und nicht refinanzieren muss, sondern sein Geld unmittelbar pro rata Lieferung ans dem Finanzkredit erhält (An- und Zwischenzahlung natürlich vom Besteller). Daher ist Bestellerkredit/Finanzkredit für den Lieferanten bilanzneutral und somit wesentlich günstiger als der Lieferantenkredit!

Risiken und Sicherheiten

Selbstverständlich enthält ein Exportprojekt wirtschaftliche und politische Risiken. Der deutsche Lieferant sichert sein Projekt (Liefervertrag) dagegen ab durch sogenannte Ausfuhrdeckung von HERMES.

→ siehe hierzu Kapitel 3.11

Die Banken sichern die Finanzierung des Exportprojektes (Kreditvertrag) ihrerseits ab, und zwar im Falle von

– Lieferantenkredit:

• Der Lieferant tritt alle Rechte und Ansprüche aus dem Liefervertrag an seine Bank ab. Hierzu gehören auch evtl. Garantien oder die erwähnte Ausfuhrdeckung.

– Finanzkredit/Bestellerkredit:

• Der Lieferant lässt von seinem Kreditinstitut (Hausbank) eine Finanzkredit-Deckung mit HERMES abschließen.

→ siehe hierzu Kapitel 3.11

• Der Lieferant gibt außerdem eine sogenannte Exporteurgarantie ab (das bedeutet Haftung des Lieferanten, solange der Gewährleistungszeitraum seiner gelieferten Anlage noch nicht beendet ist. Außerdem muss er das HERMES-Entgelt übernehmen und den etwaigen Selbstbehalt).

• Es gibt eine Rückhaftung des Lieferanten für nicht von HERMES gedeckte Risiken.

Weitere Varianten der Exportfinanzierung

Forfaitierung   ■ forfaiture

Der Begriff wurde aus dem Französischen übernommen, dort bedeutet „à forfait" = pauschal, in Bausch und Bogen.

Forfaitierung meint den Ankauf von Exportforderungen des Lieferanten durch einen Forfaiteur (Bank oder Finanzierungsgesellschaft), und zwar unter Verzicht des Rückgriffs auf den Lieferanten im Nichtzahlungsfall (insofern übernimmt der Forfaiteur die Exportforderungen sozusagen „in Bausch und Bogen").

Export Factoring   ■ export factoring

Eine Factoring-Gesellschaft im Lande des Lieferanten kauft Forderungen, die derselbe bei seinem ausländischen Kunden aus Lieferungen und Leistungen hat. Sie zahlt ihm umgehend den Gegenwert der Forderungen aus. Der Vorteil für den Lieferanten/Exporteur ist wie bei Forfaitierung der Austausch von Exportforderungen gegen Barmittel.

Leasing (es gibt keine spezielle   ■ leasing
deutsche Übersetzung)

Anstatt eine (zu liefernde) Anlage zu finanzieren, kann alternativ ein Anlagenleasing bzw. Finanzierungsleasing durchgeführt werden. Der Leasinggeber (z.b. Leasing-Gesellschaft) wird Eigentümer der vom Lieferanten erstellten Anlage und vermietet nun sein Eigentum an den Leasingnehmer (Betreiber, Kunde). Bei dieser Konstellation lassen sich Bilanz- und Steuervorteile nutzen:

• die zu leasende Anlage ist für den Leasingnehmer (Kunde) bilanzneutral, sie erscheint in der Bilanz des Leasinggebers,

• der Leasingnehmer bewahrt seine Liquidität,

• die Leasinggebühren zählen als Betriebskosten und können steuerlich abgesetzt werden.

3.6
Kompensationsgeschäfte

Kompensationsgeschäfte (Verbundgeschäfte) werden häufig gefordert bei Exportprojekten mit devisenschwachen Ländern bzw. Kunden:

– Statt der normalen Zahlung wird eine wie auch immer geartete Kompensation geboten, d.h. Bodenschätze, Naturprodukte oder Erzeugnisse aus dem Importeurland werden dem Exporteur angeboten, aus deren Erlösen die Bezahlung des eigentlichen Exportprojektes (die Lieferung einer Anlage) ermöglicht wird.

– Oder es besteht die Variante, dass der Importeur den Exporteur an der von ihm gelieferten Anlage beteiligt, d.h. der Exporteur wird mit den Erlösen aus dem Betreiben der Anlage bezahlt (er räumt also ein Zahlungsziel ein).

Für alle diese verschiedenen Möglichkeiten hat sich summarisch der Begriff

    Gegenhandel   ■ countertrade

oder auch

    Tauschgeschäft   ■ barter business

eingebürgert, was im Einzelnen zu präzisieren ist:

    Gegengeschäft   ■ counterpurchase

Der Exporteur verpflichtet sich, (verschiedene) Güter aus dem Importeurland zum teilweisen bis vollen Wert seines Exportvertrages zu kaufen.

    Barter, Tauschhandel   ■ bartertrade/barter business

Das Verfahren wird meistens produktbezogen genannt: oil barter, coffee barter, zinc barter und dergl., womit das (ausschließliche) Tauschprodukt beschrieben ist, mit dem „gebartered" werden soll. Ursprünglich bezeichnet der Ausdruck den reinen Warenaustausch ohne Transfer von Zahlungsmitteln, was heutzutage so nicht mehr gehandhabt wird.

→ ausführliche Erläuterungen siehe S. 102

    Clearing-Geschäft   ■ clearing

Zwei Vertragsparteien verpflichten sich, über einen bestimmten Zeitraum hinweg Güter auszutauschen, die gegeneinander wertmäßig aufgerechnet werden. Der Begriff „clearing" bezeichnet normalerweise die Aufrechnung, die Saldierung.

    Rückkauf   ■ buyback

Der Exporteur verpflichtet sich, die in seiner gelieferten Anlage produzierten Güter (teilweise oder ganz) abzunehmen.

    BOT-Geschäft =   ■ BOT =
    bauen/betreiben/übertragen   build/operate/transfer
    (B.B.Ü.)

Diese 1982 zum ersten Mal ins Gespräch gebrachte Variante setzt weitreichende Rentabilitätsuntersuchungen seitens des Exporteurs voraus, denn sie besagt: Der Exporteur baut (also liefert) seine Anlage, er bleibt für einen definierten Zeitraum Eigentümer und Betreiber der Anlage, und danach „transferiert" er dieses Eigentum an den eigentlichen Besteller, d.h. der Importeur wird nun erst endgültiger Eigentümer der Anlage.

BOO-Geschäft = bauen/betreiben/besitzen	■ BOO = build/operate/own

Ähnlich wie BOT-Geschäft, jedoch bleibt der Exporteur dauerhaft Eigentümer seiner gelieferten Anlage. Es gibt gelegentlich eine Erweiterung der Abkürzung, etwa BOOM, das heißt dann

bauen/betreiben/besitzen/ instandhalten	■ build/operate/own/maintain

Kurz gefasst spricht man schon von BO_x = B.B.Ü.-Variante „X".

Wirtschaftsförderung	■ offset

Offset heißt wörtlich Aufrechnung, Gegenforderung. Im vorliegenden Zusammenhang bedeutet Offset eine etwas weitreichendere Vereinbarung als das reine Kompensationsgeschäft wie bisher beschrieben: Der Exporteur verpflichtet sich, die Wirtschaft des Importeurlandes (oder der Kunden-Region) zu fördern durch eine Kombination von Investitionen, Technologieübertragung, Co-Produktionen, Kompensationsgeschäften und ähnlichen Aktivitäten.

Details zum Barter-Geschäft

Die heute gängigste Variante bei den Kompensationen ist das Barter-Geschäft. Dabei ist der Öl-Barter eine bevorzugte Variante, da dieses Produkt am Weltmarkt gut plaziert werden kann. Es handelt sich immer um zwei verschiedene Rechtsgeschäfte:

– Abschluss des eigentlichen Liefervertrages,

– Abschluss des begleitenden Bartervertrages.

Die Beteiligten sind (am Beispiel Öl-Barter mit Iran):

· der deutsche Exporteur einer Anlage,
· der iranische Importeur dieser Anlage,
· der Exporteur von Erdöl aus dem Iran,
· der Ankäufer von iranischem Erdöl.

Kennzeichen eines Barter-Geschäftes ist, dass als Voraussetzung für das eigentliche Liefergeschäft das begleitende (Öl-)Bartergeschäft erfolgreich abgeschlossen ist, und zwar in der Form, dass die aus dem (z.b.) Ölverkauf resultierenden Erlöse auf einem Sperrkonto oder treuhänderischem Konto in der vereinbarten Höhe aufgelaufen sind und der so akkumulierte Betrag auch *auszahlungsbereit* ist. Mit diesem Betrag wird unwiderruflich und ausschließlich die Bezahlung des eigentlichen Liefergeschäftes (einer Anlage) abgewickelt.

3.7
Bankgarantien

Bankgarantien, kurz Garantien, sind wesentliche Elemente bei der Abwicklung von Exportgeschäften. Sie sollen die Vertragspartner dagegen schützen, dass die jeweils andere Seite die von ihr übernommenen bzw. zugesicherten Verpflichtungen nicht erfüllt.

Dies geschieht dadurch, dass eine Bank *(der Garant)* sich gegenüber dem Begünstigten *(Garantienehmer)* verpflichtet, mit einer festgelegten Summe zu haften, sobald der *Garantieauftraggeber* eine bestimmte Verpflichtung aus dem Exportgeschäft nicht erfüllt. Man spricht auch vom Herauslegen einer Garantie durch den Garantieauftraggeber.

Historisch gesehen ersetzt die (Bank-)Garantie die physische Hinterlegung eines Geld- oder Goldbetrages, den früher eine Vertragspartei der anderen überlassen mußte, damit letztere im Streitfall wörtlich „etwas in der Hand" hatte.

Sogar heute (noch oder wieder) wird gelegentlich anstelle der Bankgarantie die Einrichtung eines Bardepots verlangt, da unmittelbarer „Zugriff" auf das Geld möglich ist. Aber ein Bardepot geht zu Lasten der Liquidität, es sollte vermieden werden.

Im Gegensatz dazu ist die Bankgarantie ein *abstraktes Zahlungsversprechen* des Garanten, das allerdings auf erste Anforderung hin zu erfüllen ist, ohne Prüfung der Grundvertragsbedingungen, auf denen der Garantieanspruch fußt.

Kosten

Die Garantie stellt für die ausstellende Bank nur eine *Eventualverbindlichkeit* dar, es brauchen also keine Zinsen berechnet zu werden wie beim Bardepot. Der Garantieauftraggeber muss lediglich eine Provision zahlen, die bei guter Bonität zwischen 0,5 bis 1,0% liegt.

Direkte/indirekte Garantien

Es gibt direkte und indirekte Garantien. Abhängig von der rechtlichen Situation und den Gebräuchen/Vorschriften im Lande des Garantienehmers wird entschieden, welche der beiden Garantieformen gewählt wird.

Direkte Garantie. Die garantierende Bank gibt ihre Garantie direkt an den Garantienehmer (den Importeur). Es gibt also drei handelnde Parteien

- Garantieauftraggeber (z.B. deutscher Exporteur),
- Garantieerstellende Bank (hier: in Deutschland),
- Garantienehmer, Begünstigter (z.B. bolivianischer Importeur).

Für den Garantieauftraggeber ist die direkte Garantie vorteilhaft, denn es lässt sich inländisches (hier: deutsches) Recht vereinbaren. Außerdem ist eine direkte Garantie billiger als eine indirekte.

Indirekte Garantie. Die garantierende Bank beauftragt zusätzlich eine Korrespondenzbank im Lande des Garantienehmers (Importeurs). Es gibt somit vier handelnde Parteien:

- Garantieauftraggeber (z. B. deutscher Exporteur),
- Garantieauftraggebende Bank (hier: in Deutschland),
- Garantieerstellende Bank (hier: in Bolivien),
- Garantienehmer, Begünstigter (z. B. bolivianischer Importeur).

Die indirekte Garantie ist teurer für den Garantieauftraggeber (zwei Banken bedeuten zweimal Provisionen). Auch unterliegt sie (aus seiner Sicht) den Gesetzen des Auslandes. Der Garantienehmer bevorzugt sie aber, da seine ihm vertraute Hausbank eingeschaltet ist. Außerdem gilt (aus seiner Sicht) inländisches Recht.

Garantieformen

Für das Exportgeschäft kommen hauptsächlich die folgenden Garantieformen (Bankgarantien) zur Anwendung:

    Bietungsgarantie   ■ Bid Bond,
                                     Tender Guarantee

Sie dient der Absicherung einer ausschreibenden Stelle (potentieller Kunde) für den Fall, dass der Anbieter sein Angebot grundlos zurückzieht oder dass er bei Auftragserteilung zurücktritt. Die Höhe der Garantie sollte 5% (maximal 10%) vom Gesamtangebotswert betragen. Bietungsgarantien sollten mit Ablauf der Bindefrist erlöschen.

Anzahlungsgarantie	■ advance payment guarantee, down payment guarantee

Sie dient der Absicherung des Käufers (Importeurs) dagegen, dass der Verkäufer (Exporteur) eine erhaltene Anzahlung (z. B. 10%) nicht zurückerstattet, obwohl er die zugehörige Lieferung/Leistung nicht erbracht hat. Üblicherweise wird vereinbart, dass die Summe der Anzahlungsgarantie (z.B. 10% analog zur Anzahlung) stufenweise reduziert wird, und zwar in dem Verhältnis, wie die Lieferungen ratenweise eintreffen bzw. In Rechnung gestellt werden. D.h. die Summe geht herunter auf Null, wenn die Lieferung komplett getätigt ist.

Hinweis: Die folgenden Garantieformen weisen sprachliche Überschneidungen auf. Speziell der Begriff „Performance Bond" wird mehrfach verwendet.

Lieferungs-/Leistungsgarantie	■ delivery guarantee auch: performance bond

Diese Garantie bezieht sich auf den Lieferzeitraum. Der Käufer wird abgesichert dagegen, dass der Verkäufer seinen vertraglichen Verpflichtungen nicht oder nicht fristgemäß nachkommt.
Die Höhe der Garantie sollte zwischen 5% bis 10% vom Auftragswert liegen. Ihre Laufzeit beginnt bei Inkrafttreten des Grundvertrages (oft wird die ablaufende Bietungsgarantie direkt umgewandelt in die Lieferungs-/Leistungsgarantie), und sie endet bei Abschluss der Lieferungen/Leistungen.

Gewährleistungsgarantie	■ warranty guarantee auch: guarantee for warrenty obligations auch: performance bond

Diese Garantie bezieht sich auf den Gewährleistungszeitraum. Der Käufer wird für den Fall abgesichert, dass der Verkäufer seine vertraglichen Gewährleistungsverpflichtungen nicht erfüllt. Die Gewährleistungsgarantie löst normalerweise die vorausgehende Lieferungs-/Leistungsgarantie ab, sie hat also dieselbe Höhe (5% bis 10%).

Ihre Gültigkeit geht im Normalfall bis Ende der Gewährleistungszeit (das sind üblicherweise 12 Monate nach vorläufiger Inbetriebnahme der Anlage). Manche Kunden bestehen statt einer Bankgarantie während der Gewährleistungszeit auf dem Einbehalt einer Restrate ihrer Zahlungen (5% bis 10% vom Auftragswert), um damit etwaige Gewährleistungsansprüche einfordern zu können.

| Vertragserfüllungsgarantie | ■ performance guarantee, performance bond auch: delivery guarantee (!) |

Diese Garantie bezieht sich auf Lieferzeit- plus Gewährleistungszeitraum, das heißt sie vereint in sich die Liefer-/Leistungsgarantie und die Gewährleistungsgarantie. Ihre Laufzeit beginnt (wie bei der Lieferungs-/Leistungsgarantie) bei Inkrafttreten des Grundvertrages (evtl. Umwandlung der Bietungsgarantie) und sie endet (analog 3.1) bei Abschluss der Gewährleistungszeit.

| Zahlungsgarantie | ■ payment guarantee |

Alle bisher beschriebenen (Bank-)Garantien dienten der Risikosicherung des Käufers (Importeurs). Die obige Garantie dient jedoch dem Verkäufer (Exporteur) als Absicherung dagegen, dass der Käufer seinen Zahlungsverpflichtungen nicht oder nicht fristgemäß nachkommt. Ein Beispiel wäre die erwähnte Restrate.

Eine entsprechende Garantie (für den Verkäufer als Begünstigten) wäre dafür

| Garantie für Rückerstattung der Restrate | ■ guarantee for reimboursement of retention money |

Sonstige Garantien im Anlagengeschäft (Auswahl)

Konossements-Garantie	■ letter of indemnity
Havarie- und Bergungskosten- garantie	■ guarantee in respect of average and salvage costs
Garantie für unstimmige/verloren gegangene Dokumente	■ guarantee in respect of inconsistent/lost documents
Zollbürgschaft	■ guarantee toward customs authorities

Textgestaltung

Im Gegensatz zur Bürgschaft (wird im Inlandgeschäft verwendet) gibt es für die Garantien keine gesetzliche Ausgestaltung. Die ICC= Internat. Chamber of Commerce (Internat. Handelskammer) schuf als Orientierung 1978 zunächst „Einheitliche Richtlinien für Vertragsgarantien" (Publikation Nr. 325). Diese wurden 1992 in einer Revision verbessert zu „Einheitliche Richtlinien für auf Anfordern zahlbare Garantien" (Uniform Rules for Demand Guarantees), Publikation Nr. 458.

3.8
E-Business (e-biz)

Die amerikanische Assotiation of National Advertisers hat auf ihrer Jahreskonferenz, Oktober 1999, eine kleine Anleihe beim Komponisten Irving Berlin gemacht, und das Schlagwort des Jahres (und der Zukunft) geprägt: „There is no business like e-business". Damit ist das neue Phänomen, das so unvermittelt über die Geschäftswelt hereinbricht, kurz und knapp umrissen. Das vorliegende Kapitel beschreibt den Stand der Dinge (im Jahr 2000) und gibt einen Ausblick auf die erwartete Entwicklung. Nachdem die entscheidende Voraussetzung einmal gegeben ist, nämlich Installation des Internets (also elektronischer Datenverkehr weltweit), folgt das *elektronische Geschäft* ganz zwangsläufig nach. Die Rasanz dieser Entwicklung hat allerdings viele Teilnehmer überrascht, man engagiert sich daher zum Teil erst zögerlich.

Die EU hat darauf ungewohnt rasch reagiert: der Europäische Rat beschloss bereits im Dezember 1999 eine „Initiative E-Europa", um hinter dem Vorreiter USA nicht zurückzubleiben. Die haben die Begriffe der *new e-conomy* auch schon weitreichend definiert. Es gibt mittlerweile:

- e-business/e-commerce (Handel)

- e-procurement/e-sourcing (Einkauf)

- e-learning (Lernen)

- e-marketing (Werbung)

- e-recruiting (Personalbeschaffung)

und so weiter. Im vorliegenden wird nur auf ersteres eingegangen.

E-Business (IBM-Definition). „Die Überführung des wesentlichen Geschäfts-
verkehrs auf elektronische Handhabung, sprich über Internet-Technologien."

E-Commerce (IBM-Definition). „Ein Aspekt des e-business; e-business auf dem
world wide web." Das sind, obwohl von IBM stammend, noch etwas
schwammige Definitionen. Genauer ließe sich sagen:

- E-Commerce meint die Nutzung des Internet in erster Linie für Han-
  delsbeziehungen (Kauf/Verkauf).

- E-Business ist weitreichender als E-Commerce, es umfasst alle Aktivitäten, mit denen ein Unternehmen seine Position am Markt aus-
  baut und optimiert (also nicht nur Kauf/Verkauf). Es ist demnach das
  häufiger gebrauchte Schlagwort und wurde gleich noch mal gekürzt
  zu e-biz.

Ein Blick auf die Motivation zum e-biz bringt ein weiteres Schlüsselwort:

- Es lassen sich erstens Kosten senken. (Das ist selbstverständlich.)

- Zweitens wird stärkere Kundenorientierung/-bindung möglich, beschrieben durch das neue Schlagwort

    (sinngem.:) Kundenakquise   ■ CRM = Customer
    und -betreuung über das Netz.   Relationship Management

Eine wichtige Unterteilung des e-biz wurde geprägt mit der amerikanischen Gepflogenheit, für 2 (two) = to zu setzen – ähnlich 4 (four) = for:

    (wörtl.:) Handel zum Verbraucher   ■ b2c = b to c =
    (sinngem.:) Handel/Geschäfte über   business to customer
    das Internet mit dem Verbraucher

z.B. das Ordern von Reisen, Büchern, Hotelzimmern, Gebrauchsgegen-
ständen, Tickets usw. Das betrifft also mehr „Otto Normalverbraucher".

    (wörtl.:) Handel zu Handel   ■ b2b = b to b =
    (sinngem.:) Handel/Geschäfte von   business to business
    Firmen untereinander über
    das Internet.

Das betrifft natürlich, angesichts des weltweiten Netzes, das *Exportgeschäft*
mit all seinen Aspekten.

Der phasenweise Übergang zum e-biz

Die Umstellung auf die e-biz Praxis heißt nicht, dass die Grundprinzipien des Exportgeschäfts umgeworfen werden. Nur die Handhabung vieler Abläufe wird verändert (schneller und flexibler); über die elektronischen Wege entsteht eine größere „Nähe" zum Kunden, Reaktionszeiten können extrem verkürzt werden, Kundenwünsche systematischer erfasst werden usw.

Das konnte man mit hohem personellen Aufwand auch früher schon erreichen; derartiger Aufwand wird jetzt beim e-biz stark vereinfacht. Wie aber eingangs gesagt, setzt sich diese Erkenntnis nicht schlagartig durch. Grob gesehen gibt es drei Phasen.

1. Die (überwiegend) passive Phase. Das Unternehmen präsentiert sich im Internet über

(Start-)Seite im Internet	■ home page
Web-Seite, Seite im Internet	■ web site

zwecks Eigendarstellung und Imagepflege. Das passende Akronym ist auch schon gefunden (aus web-advertising):

Werben im Internet.	■ netvertising

Die Gestaltung der entsprechenden Seite(n) gehört in die Hände von Profis

Auslegung/Gestaltung von Web-Seiten,	■ web design

damit die Benutzerfreundlichkeit gewährleistet ist (Übersicht und Ladezeit – eine Untersuchung hat ergeben: ganze 8 Sekunden gibt ein Internetsurfer einer Web-Seite, bis sie geladen ist). Eine „Rückkoppelung" von interessierter Kundenseite entsteht mehr nach Gutdünken und Glück. Vom e-biz, b2b oder b2c kann in dieser Phase noch keine Rede sein.

2. Die aktive Phase/Beginn der Interaktion. Das Unternehmen ist verstärkt an „Rückkoppelung" vom Kunden interessiert. Der im Text (Kapitel 2) beschriebene Fall: Ausschreibung und Angebot laufen über das Internet, ist bereits ein praktisches Beispiel. Charakteristisch ist auch die Bildung von Fachportalen (Hersteller-übergreifend), auch Branchenportale genannt. Diese sind, allgemein gesprochen, die neuen

elektronische(n) Marktplätze   ■ e-market places
(im Internet),

wo verschiedene Unternehmen einer Branche sich gemeinsam präsentieren. Dies ist nun die eigentliche Voraussetzung, um b2b zu etablieren. Direkt interaktiv wird die Anbieter-Kunden Situation bei

E-Auktionen (on-line),   ■ e-auctions

Auktionen im Internet, die auf dem Wege sind, ein klassisches b2b-Instrument zu werden, entweder *verkäuferorientiert (a)*

„normale" Auktion   ■ forward auction
(wörtl.: vorwärts gerichtet)

gekennzeichnet durch

Bietung aufwärts gerichtet,   ■ increment

oder *einkäuferorientiert (b):*

umgekehrte Auktion   ■ reverse auction

gekennzeichnet durch

Bietung abwärts gerichtet.   ■ decrement

Bei *(a)* bietet ein Anbieter im Netz sein Produkt oder seine Dienstleistung zu einem Startpreis an, die Auktions-Teilnehmer können in (festen) Raten steigern, bis der Meistbietende den Zuschlag erhält. Bei *(b)* schreibt ein Einkäufer ein Produkt oder eine Dienstleistung im Netz aus, die Anbieter können in (festen) Raten unterbieten, der Preiswerteste erhält schließlich den Zuschlag für die Lieferung.

Ein wichtiger Vorteil der E-Auktionen: es gibt keine separaten, hintereinander liegenden Verhandlungen mit den Interessenten mehr (wo es zu unterschiedlicher Behandlung kommen könnte). Alle sind in Echtzeit am Geschehen bzw. an der Entscheidung beteiligt.

Mit Blick auf den Anlagen-Export ist festzustellen, dass durch derartige E-Auktionen hauptsächlich einzelne Komponenten beschafft werden (Außenanlagen). Eine komplexe Gesamtanlage on-line zu konfigurieren ist das Ziel, das erst in der 3. Phase erreicht wird. Bereits in die 2. Phase gehört, auch für komplexe Anlagen, die on-line Abfrage von Richtangeboten, Ersatzteilangeboten, Service-Leistungen und Schulungsangeboten, die laufend aktualisiert in das Netz gestellt werden können.

3. Die interaktive Phase (dialog-orientiert). Ziel des e-biz ist es, auch komplexe Gesamtanlagen für einen potentiellen Kunden via Internet „erfragbar" zu machen (mit Einbeziehung aller denkbaren Varianten). Das geht nur, wenn der Anbieter ihm eine

„Selbstbedienungs"-Lösung	■ self-service solution

bzw. genauer gesagt eine

Selbst-Konfiguration	■ self-configuration

ermöglicht, die alle denkbaren Optionen abdeckt. Das setzt die Schaffung der entsprechenden Tools und Software voraus : diesen erheblichen Aufwand scheuen z.Zt. noch manche Firmen. Aber wer hier zu spät kommt, den bestraft der on-line-Kunde.

Durch das unmittelbare Zusammengehen mit dem Kunden schon in der Planung werden die Kundenwünsche optimal aufgenommen und (hoffentlich) umgesetzt. Man spricht hier von

(sinngem.:) gezielte(m) Zugehen eines Herstellers auf einen Einzelkunden (individuelle Kundenansprache).	■ one-to-one marketing

In dieser 3. Phase werden schließlich *alle* Geschäftsprozesse netzgestützt ablaufen, also auch Zahlungsabwicklung, (falls zutreffend) Finanzierung, Projektabwicklung, Dokumentation, alle denkbaren Dienstleistungen usw.

Nach dem e-biz kündigt sich bereits als nächste Entwicklung das *m-biz* an, d.h. die oben beschriebenen Abläufe bleiben schon elektronisch, aber statt über PC oder Laptop gehen die on-line Geschäfte über das Mobiltelephon (daher m-biz), das eine 30-fach verbesserte Leistungsfähigkeit gegenüber dem bisherigen ISDN-Anschluss erfährt. Das entsprechende Zauberwort heißt:

universell einsetzbares Mobiltelephon/Telekommunikationssystem	■ UMTS = Universal Mobile Telecommunication System,

Dies soll eine echte Alternative zum Festnetz werden.

Die Versteigerung der UMTS-Frequenzen im August 2000 erbrachte dem deutschen Fiskus bekanntlich annähernd 100 Milliarden DM; das Ganze darf also äußerst ernst genommen werden.

Bei alledem bleibt festzuhalten: e-biz und demnächst m-biz sind die neuen Mittel, um das Exportgeschäft noch intensiver auf den Kunden auszurichten, und insgesamt effizienter zu machen. Es wird also die Handhabung geändert (die allerdings heftig).

Die Kernstruktur des Exportgeschäftes bleibt als solche unverändert bestehen, so wie sie in diesem Buch beschrieben ist. Verfehlt ist die Annahme, der persönliche Kontakt zum Kunden fiele mit e-biz bald ganz unter den Tisch, alles liefe nur noch virtuell ab. Beim Anlagenexport mit üblicherweise Millionen-Investitionen bleibt genug Bedarf, den Kunden „live" zu treffen – kein Investor wird darauf je verzichten. Der virtuelle und der physische Einsatz müssen einen vernünftigen Mix bilden.

3.9
Deutsche Entwicklungshilfe

Der Begriff Entwicklungsländer (und in seiner Folge Entwicklungshilfe) entstand nach dem Zweiten Weltkrieg, als immer mehr ehemalige Kolonien, Mandatsgebiete und Commonwealth-Länder unabhängige Staaten wurden. Einen vergleichbaren Ausdruck für diese Länder prägte Pandit Nehru: „Die Dritte Welt".

Die reichen Industriestaaten erkannten allmählich die dringende Pflicht, die Entwicklung ebendieser Länder koordiniert zu unterstützen. Entwicklungshilfe in diesem Sinn nahm ihren Anfang zu Beginn der 50er Jahre. Ihr langfristiges Ziel ist „Hilfe zur Selbsthilfe".

Einteilung

Es gibt keine weltweit von allen anerkannte Liste der Entwicklungsländer. Ein grober Maßstab, wann und wie ein Staat als „Entwicklungsland" eingestuft wird, ist sein durchschnittliches Pro-Kopf-Einkommen bzw. das Brutto Sozialprodukt pro Kopf der Bevölkerung (weiterhin zählen durchschnittliche Lebenserwartung, Analphabetenquote, Gesundheitswesen usw.). Demzufolge gibt es verschiedene Definitionen/Kategorien.

Der *Entwicklungshilfe-Ausschuss (DAC) der OECD* (Organisation für wirtschaftliche Zusammenarbeit und Entwicklung) stellt die sog. DAC-Liste auf, an der sich die Bundesregierung orientiert:

Entwicklungsländer   ■ LDC = Less developed countries
(wörtl.:) weniger entwickelte Länder

Das *Generalsekretariat der Vereinten Nationen* legt die beiden folgenden Listen fest:

die am wenigsten entwickelten Länder	■ LLDC = Least developed countries
die am ernsthaftesten betroffenen Länder	■ MSAC = most seriously affected countries

(und zwar in Bezug auf internationale Preissteigerungen, wie seinerzeit der Ölpreisschock). Die *Europäische Gemeinschaft* hat 1975 die „Konvention von Lomé" unterzeichnet mit den sogenannten

AKP-Länder(n).   ■ ACP countries

Dies betrifft Entwicklungshilfe der EG für mittlerweile 69 Staaten in Afrika der Karibik und im Pazifikraum (daher AKP), die durch turnusmäßige Abkommen erneuert wird.

Bi- und multilaterale Zusammenarbeit

Die deutsche öffentliche Entwicklungshilfe geht zu zirka zwei Dritteln in die „bilaterale Zusammenarbeit". Darunter versteht man alle Leistungen, die ein *einzelner Staat* an ein Entwicklungsland direkt gewährt. Dies wird im vorliegenden Kapitel erläutert. Zu etwa einem Drittel geht sie in die „multilaterale Zusammenarbeit", d.h. sie erreicht die Entwicklungsländer über multilaterale, sprich internationale Organisationen, wie z.B. die Weltbank-Gruppe.

→ siehe Kapitel 3.10

Öffentliche deutsche Entwicklungshilfe (bilateral)

Zuständiges Ministerium ist das

- BMZ
  Bundesministerium für wirtschaftliche Zusammenarbeit
  Friedrich-Ebert-Allee 40
  53113 Bonn

Das BMZ wurde 1961 gegründet, erlangte aber erst 1972 umfassende Zuständigkeit für alle Belange der Entwicklungspolitik.

Die wichtigsten Instrumentarien der Entwicklungshilfe (bevorzugter Ausdruck: „Entwicklungszusammenarbeit") sind:

– Kapitalhilfe (KH), besser genannt „Finanzielle Zusammenarbeit" (FZ)

- Technische Hilfe (TH), besser genannt „Technische Zusammenarbeit" (TZ)

Letztere dient zur Förderung und Qualifizierung von Menschen und Organisationen im Entwicklungsland. Für die Durchführung zuständig ist die (bundeseigene) Deutsche Gesellschaft für Technische Zusammenarbeit (GTZ) in Eschborn.

Die erstgenannte (KH bzw. FZ) ist das eigentliche Hauptinstrument der entwicklungspolitischen Zusammenarbeit, sie dient vor allem zur Finanzierung von Projekten, Programmen und Einfuhren. Gewährt wird sie in Form von günstigen Darlehen *(soft loans)* und auch in Form von nicht rückzahlbaren Zuschüssen. Dabei wird wiederum der größte Teil der FZ-Mittel vergeben in Form von Projekthilfe (Projektfinanzierung). Dies betrifft einzelne, abgrenzbare Investitionsvorhaben, also „Exportprojekte" im Sinne des vorliegenden Buches. Ferner gibt es

- Programmhilfe (kombinierte Maßnahmen für sektorelle Belange),

- Warenhilfe (Einfuhren zur Bedarfsdeckung),

- Strukturhilfe (Strukturanpassungsprogramme).

Für die Durchführung zuständig (d.h. Vergabe und Abwicklung der FZ-Mittel) ist in Abstimmung mit dem BMZ die KfW.

- KfW
  Kreditanstalt für Wiederaufbau
  Palmengartenstraße 5–9
  60325 Frankfurt a.M.

Ihr Gründungsjahr (1948) erklärt die Namensgebung. Sie ist eine Geschäftsbank, die zusätzlich die o.g. Aufgabe erfüllt.

Kreditkonditionen

Die Konditionen, zu denen die FZ-Mittel gewährt werden, richten sich nach der eingangs erwähnten Länder-Einteilung. Diese Konditionen werden international abgestimmt zwischen den Geberländern.

LLDC. Derartige Länder erhalten ausschließlich nicht rückzahlbare Zuschüsse.

MSAC sowie Länder mit Pro-Kopf-Einkommen definiertem Limit. Diese Länder erhalten Kredite zu folgenden Konditionen: 0,75% Zinsen, 40 Jahre Laufzeit, davon 10 Jahre rückzahlungsfrei.

LDC, z.T. AKP. Die übrigen Länder erhalten folgende Kreditkonditionen: 2% Zinsen, 30 Jahre Laufzeit, davon zehn Jahre rückzahlungsfrei.

Die pro Empfänger-Land zur Verfügung stehenden FZ-Mittel sind natürlich begrenzt. Es muss sich also bei den auszuwählenden Projekten um „förderungswürdige" Vorhaben handeln.

3.9.1
Ablauf eines Exportprojektes mit FZ-Mitteln (Projekthilfe)

→ Projektauswahl

Das Entwicklungsland präsentiert (turnusmäßig) eine Wunschliste derjenigen Projekte, für die es Förderung wünscht. BMZ und KfW prüfen diese Liste daraufhin, ob die vorgeschlagenen Projekte in das Konzept der Entwicklungspolitik passen, das zwischen Bundesrepublik und Empfängerland erarbeitet und vereinbart ist.

Die Projekte werden unter diesem Gesichtspunkt danach mit dem Empfängerland verhandelt und ausgewählt und abschließend in einem *Protokoll* zwischen beiden Ländern fixiert. Diese Projekte werden im Haushaltsplan der Bundesrepublik (Einzelplan 23 BMZ) verankert durch entsprechende *Verpflichtungsermächtigung (VE)*.

→ Prüfung der KfW/der Bundesregierung

Nach einer Vorabstellungnahme seitens KfW erfolgt eine detaillierte Prüfung der einzelnen Projekte. Der resultierende *Prüfungsbericht* der KfW geht an die Bundesregierung (BMZ und weitere betroffene Ressorts) für ihre Zustimmung/Bestätigung der Förderungswürdigkeit der genannten Projekte (bei einem Negativbescheid gäbe es eine Reprogrammierung der Mittel). Daraufhin erhält die KfW den Auftrag, mit dem Finanzministerium des Empfängerlandes einen Kredit-Vertrag abzuschließen. Dieses wird auch als *Verhandlungsauftrag (VA)* der KfW bezeichnet.

→ Regierungsabkommen

Ein *Regierungsabkommen* zwischen Bundesregierung und Empfängerland bildet die völkerrechtliche Grundlage für die Gewährung der FZ-Mittel und für die von der KfW mit dem Empfänger hierüber abzuschließenden privatrechtlichen Verträge.

→ Darlehens- und Projektvertrag

Die KfW unterzeichnet mit dem Entwicklungsland einen *Darlehens- und Projektvertrag* bezogen auf das konkrete Projekt. Das Finanzministerium des Empfängerlandes kann einen *Überleitungsvertrag* mit dem eigentlichen Investor abschließen, in dem es die günstigen Konditionen der KfW etwas schlechter (damit zu seinem eigenen Vorteil) weiterleitet. Dies ist ein sogenannter gebrochener Kredit. Man spricht auch von Zinsspaltung. Die KfW ihrerseits unterzeichnet mit dem eigentlichen Betroffenen, also dem Investor, noch *„die besonderen Bedingungen zum Vertrag"* (= Durchführung des Projektes).

→ Liefer- und Leistungsvertrag

Der Investor (Endkunde) kann spätestens bei Abschluss des Darlehens- und Projektvertrages die internationale Ausschreibung für seine geplante Anlage herausbringen. Es wird bei deutschen FZ-Mitteln keineswegs eine automatische Bindung an deutsche Lieferanten gefordert. Es zählt für die Vergabe nur das (beste) Ergebnis der internationalen Ausschreibung. Der mit dem erfolgreichen Anbieter abzuschließende Liefer- und Leistungsvertrag kann normalerweise in Kraft treten mit Auszahlungsbereitschaft des Darlehens. Dessen Auszahlung erfolgt nach realem Projektfortschritt.

→ Abwicklung

Es erfolgt eine laufende Überwachung des Projektfortschrittes durch die KfW mit jährlicher Unterrichtung der Bundesregierung. Bei Fertigstellung des Projektes wird ein Kontrollbericht gegeben, ebenfalls nach einer angemessenen Betriebszeit.

3.9.2
Mischfinanzierung

Um eine Streckung der begrenzt vorhandenen Kapitalhilfe zu erreichen, erlaubt das BMZ in besonderen, genehmigungspflichtigen Fällen das Verfahren der sogenannten

Mischfinanzierung   ■ mixed financing

Wenn z.B. einer maximal (noch) verfügbaren Kapitalhilfe von 11 Millionen DM ein Projektwert von 16 Millionen DM gegenübersteht, so kann das – Projekt-Genehmigung vorausgesetzt – mit Mischfinanzierung realisiert werden. Mischfinanzierung bedeutet, dass man das fehlende (zirka ein) Drittel von 5 Millionen DM in Form eines projektgebundenen Exportkredites „mischt" mit dem 11-Millionen-DM-Kapitalhilfebetrag (FZ-Mittel), der die verbleibenden zwei Drittel abdeckt. (Dieses 1/3 : 2/3 Verhältnis ist eine grobe Orientierung.) Der Exportkredit wird dabei von der deutschen Bundesregierung (HERMES) gedeckt.

→ Details siehe Kapitel 3.11

Seine Mittel werden auf dem Markt aufgenommen. Sie werden verzinst zu normalen Konditionen. Die resultierenden Konditionen beider Kreditmittel (Kapitalhilfe plus projektgebundener Exportkredit) ergeben einen immer noch sehr attraktiven Zinssatz für das Empfängerland. Diese Finanzierungsform darf nicht verwechselt werden mit der

Kofinanzierung.   ■ co-financing

Dies ist wiederum eine Form der sog. multilateralen Zusammenarbeit. Dabei beteiligt sich die Bundesregierung mit anderen bi- oder multilateralen Gebern an der *gemeinsamen* Finanzierung von Entwicklungsvorhaben in Entwicklungsländern.

3.10
Die Weltbank-Gruppe

Die im vorigen Kapitel erwähnte bilaterale Zusammenarbeit bei der Entwicklungshilfe wird ergänzt durch die *multilaterale Zusammenarbeit*, d.h. die Arbeit zwischenstaatlicher oder überstaatlicher Einrichtungen.

Das größte Institut auf diesem Sektor ist die Weltbank-Gruppe. Multilateral sind außerdem die Assoziierungsabkommen zwischen EG und AKP-Ländern, das allgemeine Zoll- und Handelsabkommen GATT, die Welthandels- und Entwicklungskonferenz UNCTAD, der Internationale Währungsfonds IWF, das Weltkinderhilfswerk UNICEF, das Entwicklungsprogramm der Vereinten Nationen UNDP u.a.

Die Weltbank, die heute eine Gruppe von fünf verschiedenen Organisationen umfasst, wurde gegen Ende des 2. Weltkrieges zusammen mit dem IWF als Sonderorganisation der Vereinten Nationen gegründet. Sie heißt offiziell eigentlich

Internationale Bank für   ■ IBRD = International Bank for Re-
Wiederaufbau und Entwicklung   construction and Development

und diente, wie der Name sagt, zunächst für den Wiederaufbau nach dem Weltkrieg. Sie wandte sich seit den Fünfziger Jahren verstärkt der wirtschaftlichen und sozialen Entwicklung der Dritte-Welt-Länder zu, d.h. sie betreibt heute Entwicklungshilfe, wie es ähnlich für den bilateralen Sektor im vorigen Kapitel beschrieben wurde.

Die fünf Organisationen der Weltbank

Die Weltbank hat verschiedene Schwesterorganisationen entwickelt, die bei gleicher Zielsetzung differenzierte Aufgaben verfolgen:

- I.   Die eigentliche Weltbank (IBRD) mit ihren Regionalbanken.

- II. Die Internationale Entwicklungs Assoziation (IDA).

- III. Die Internationale Finanzkooperation (IFC).

- IV. Die Multilaterale investitionsgarantie Agentur (MIGA).

- V.   Das Internationale Zentrum für Beilegung von Investitionsstreitigkeiten (ICSID).

I. Die Weltbank (IBRD) und ihre Regionalbanken. Die Weltbank gewährt Darlehen zur Förderung von Projekten und Programmen in „normalen" Entwicklungsländern (das entspricht im wesentlichen der LDC-Liste in Kapitel 3.9.) Schwerpunkte sind die Bereiche Landwirtschaft, Verkehrswesen, Elektroenergie, Industrievorhaben, Strukturanpassungen usw.

Die Darlehen werden grundsätzlich nur Regierungen oder Projektträgern mit Regierungsgarantie gewährt. Die Konditionen richten sich nach den individuellen Gegebenheiten der Empfängerländer. Im Durchschnitt gibt es 15 bis 20 Jahre Laufzeit mit bis zu fünf Freijahren sowie marktnahe Zinsen. Die Weltbank finanziert die Darlehen überwiegend durch eigene Mittelaufnahme an den internationalen Kapitalmärkten, wobei sie durch ihre hervorragende Bonität wesentlich begünstigt ist. Die genannten Darlehen werden für Projekte ohne regionale Begrenzung weltweit eingesetzt. In Ergänzung dazu wurden mittlerweile *fünf Regionalbanken* der Weltbank gegründet. Diese finanzieren Projekte und Programme in ihren regionalen Mitgliedsländern. Dazu bieten sie Darlehen zu marktnahen Konditionen an. In gewissem Umfang können sie außerdem auf Sonderfonds zurückgreifen und stark vergünstigte Kredite für die „am wenigsten entwickelten Länder" ihrer Region bieten.

→ siehe die LLDC- und MSAC-Liste Kapitel 3.9

Die fünf Regionalbanken der Weltbank:

1. Asiatische Entwicklungsbank	■ AsDB = Asian Development Bank
2. Interamerikanische Entwicklungsbank	■ IDB = Inter-American Development-Bank (häufig spanisch verwendet: BID – Banco Interamericano de Desarollo)
3. Afrikanische Entwicklungsbank	■ AfDB = African Development Bank
4. Karibische Entwicklungsbank	■ CDB = Carribean Development Bank
5. EBWE = Europäische Bank für Wiederaufbau und Entwicklung	■ EBRD = European Bank for Reconstruction and Development

Diese erst im April 1991 gegründete Bank, mit Sitz in London, wird ihrer Aufgabe entsprechend allgemein als „Osteuropabank" bezeichnet.

II. Die IDA.

Internationale Entwicklungs-assoziation	■ IDA = International Development Association

Die IDA wurde 1960 gegründet. Sie ist speziell für die ärmsten Entwicklungsländer zuständig (Liste LLDC und MSAC Kapitel 3.9), denen sie zinslose Darlehen mit Laufzeiten von 35 bis 50 Jahren gewährt (lediglich eine Bearbeitungsgebühr von 0,75% pro Jahr wird erhoben), bei zehn Freijahren (tilgungsfreie Zeit). Die IDA kann bei derartig günstigen Konditionen die Mittel für ihre Kredite natürlich nicht auf den freien Kapitalmärkten aufnehmen, sondern sie finanziert sie aus den eingezahlten Beiträgen ihrer Mitgliedsländer und aus Gewinnüberweisungen. Genau wie die Weltbank gewährt die IDA ihre Darlehen nur an Regierungen oder unter Regierungsgarantie.

III. Die IFC.

Internationale Finanzkorporation	■ IFC = International Finance Corporation

Die IFC wurde 1956 gegründet. Ihre Aufgabe ist die Förderung von Privatinvestitionen, die zum wirtschaftlichen oder sozialen Fortschritt von Entwicklungsländern beitragen. Hierfür gewährt sie Eigenkapitalbeteiligungen und Darlehen an private Unternehmer, z.T. auch Technische Hilfe. Sie verlangt im Gegensatz zu Weltbank und IDA keine Regierungsgarantien, und sie verhandelt üblicherweise auch nicht auf Regierungsebene, sondern direkt mit den privaten Investoren. Die IFC finanziert sich aus den Einzahlungen ihrer Mitgliedsländer sowie durch Kreditaufnahme auf den Kapitalmärkten und bei der Weltbank.

IV. Die MIGA.

| Multilaterale Investitionsgarantie Agentur | ■ MIGA = Multilateral Investment Guarantee Agency |

Diese Organisation existiert seit 1989. Sie soll private Direktinvestitionen in Entwicklungsländern durch Garantien gegen nichtkommerzielle Risiken absichern. Außerdem soll sie durch Förderung und Verbesserung des Investitionsklimas solche Direktinvestitionen unterstützen und beleben. Zusätzlich bietet sie auf diesem Sektor spezielle Beratungsdienstleistungen.

V. Das ICSID.

| Internationales Zentrum für die Beilegung von Investitionsstreitigkeiten | ■ ICSID = International Center for Settlement of Investment Disputes |

Dieses Zentrum berät private Investoren für Entwicklungsprojekte und schlichtet Streitfälle bei allen Investitionsvorhaben in Entwicklungsländern.

Der IWF

Abschließend sei darauf verwiesen, dass die Weltbank (und in Konsequenz ihre Gruppen) auf das engste mit dem eingangs erwähnten IWF (Internationaler Währungsfonds) zusammenarbeitet. Der IWF soll die weltweite Währungsstabilität überwachen und sicherstellen. Bevor ein Land Mitglied der Weltbank werden kann, muss es erst dem IWF beitreten. Die englische Bezeichnung lautet

| IWF = Internationaler Währungsfonds | ■ IMF = International Monetary Fund |

3.11
Versicherung eines Exportgeschäftes

Wenn schon Inlandgeschäften diverse Risiken anhaften (etwa, dass der Abnehmer nicht willens oder fähig ist, die vereinbarte Zahlung zu erbringen), so leuchtet ein, dass Exportgeschäfte noch weit stärker unter Risiko stehen, bedingt durch die unterschiedlichen wirtschaftlichen und politischen Strukturen, die Sprachunterschiede, die unterschiedlichen Rechtssysteme und vieles andere mehr.

Ursachen

Politische Risiken. Zu politischen Risiken zählen entsprechende Ereignisse wie Krieg, Aufruhr, Embargo, Revolution, staatliche Beschlagnahme usw., aufgrund derer der Exporteur außer Stande gesetzt wird, seine Forderungen einzubringen.

Politische Risiken sind ferner das Konvertierungs- und Transferrisiko. Dies tritt ein, wenn der Importeur (Käufer) den Forderungsbetrag zwar in der Landeswährung bei seiner Bank eingezahlt hat, die Zentralbank des Importeurlandes aber nicht willens oder nicht in der Lage ist, die für Umtausch und Transfer notwendigen Devisen überhaupt oder rechtzeitig oder ausreichend bereitzustellen.

Wirtschaftliche Risiken. Hingegen liegen die wirtschaftlichen Risiken nur beim Importeur (Käufer) selber, speziell etwaige Zahlungsunwillig- oder -unfähigkeit (Bankrott, Konkurs usw.).

Wechselkursrisiko. Außerdem stellt sich noch das Wechselkursrisiko, sofern der Vertrag nicht in DM abgeschlossen werden kann.

Zeitrahmen

Zeitlich gesehen, verteilen sich die Risiken bei Exportgeschäften auf zwei Abschnitte:

Fabrikationsrisiko. Das Risiko *vor* Versand der Ware. Dies betrifft normalerweise nur Waren, die „anderweitig schwer verwertbar" sind (Spezialanfertigungen, maßgeschneiderte Anlagen), die im Gegensatz zu Serienprodukten bei einem Scheitern des Projektes an keinen anderen Kunden mehr geliefert werden können.

Ausfuhrrisiko. Das Risiko *nach* Versand der Ware. Dies betrifft natürlich sowohl Serienerzeugnisse als auch Spezialanfertigungen.

Risikovorsorge

Es wurde schon an anderer Stelle gezeigt, wie entsprechende Risikovorsorge betrieben werden kann:

– Zahlungsbedingungen: Vereinbarung hoher Anzahlungen/oder hoher Zahlungsrate bei Versandbereitschaft, wenn zudem kein Fabrikationsrisiko besteht;

→ siehe Kapitel 3.3

– Dokumentenakkreditiv: Vereinbarung „Bestätigtes Akkreditiv";

→ siehe Kapitel 3.4

– Bekannte oder überprüfte Bonität des Importeurs: macht Vorsorge überflüssig;

Sofern keine dieser Varianten zutrifft, muss die Indeckungnahme der Exportrisiken bei (privater oder) staatlicher Stelle betrieben werden. Im vorliegenden Kapitel wird nur die staatliche Institution beschrieben.

HERMES-Deckung

Es gibt in allen Industrieländern staatliche Stellen, die ihren Exporteuren Deckungsschutz zur Ausschaltung wenigstens der größten Risiken gewähren. Die Bundesregierung hat im Rahmen ihres Haushaltgesetztes das Finanzministerium ermächtigt, Gewährleistungen im Zusammenhang mit Exportgeschäften zu übernehmen.

Die eigentliche Bearbeitung wurde an die HERMES Kreditversicherungs AG und TREUARBEIT AG, beide Hamburg, übertragen. Federführend ist dabei die HERMES. Im allgemeinen Sprachgebrauch hat sich so der vereinfachende Begriff HERMES-Deckung eingebürgert.

Die HERMES AG erfüllt zwei verschiedene eng zusammenhängende Aufgaben:

– Bundesdeckung zugunsten deutscher Exporteure
  (Exportrisiko-Deckung: Fabrikations- und Ausfuhrrisiko)
– Bundesdeckung zugunsten deutscher Finanzkreditgeber
  (Auslandsrisiko der gebundenen Finanzkredite)

Die Formen der Deckung

Als *Garantien* bezeichnet man diejenigen Bundesdeckungen, die für Geschäfte deutscher Exporteure mit privaten ausländischen Kunden gewährt werden.
Als *Bürgschaften* bezeichnet man Bundesdeckungen, wenn die Vertragspartner ausländische Staaten sind oder Körperschaften des öffentlichen Rechts in diesen Staaten.

Der Selbstbehalt

Es gibt bei Exportrisiko-Deckung eine festgelegte Selbstbeteiligung des Deckungsnehmers (Exporteurs). Dieser sogenannte Selbstbehalt (SB) bleibt sein Restrisiko. Er beträgt, je nachdem, ob es sich um Fabrikations- oder Ausfuhrrisiko handelt:

– für das wirtschaftliche Risiko: 10 – 15%,

– für das politische Risiko: 10%.

Es handelt sich dabei um Mindestquoten. Sie können bei unbefriedigender Bonität des Kunden höher ausfallen. Der Selbstbehalt gilt sinngemäß auch bei Finanzkredit-Deckung.

Die Indeckungnahme

Bei *Fabrikationsrisiko* werden Selbstkosten der zu liefernden Ware gedeckt. Abzüglich Selbstbehalt, wie geschildert.
Bei *Ausfuhrrisiko* wird die als Preis vereinbarte Geldforderung gedeckt. Abzüglich Selbstbehalt, wie geschildert.

HERMES	BÜRGSCHAFT (staatlicher Kunde)	GARANTIE (privater Kunde)	
Deckung des Fabrikationsrisikos	max. 90% der Selbstkosten, 10% SB	wirtschaftliches Risiko und politisches Risiko	je max. 90% der Selbstkosten, 10% SB
Deckung des Ausfuhrrisikos	max. 90% vom Preis, 10% SB	wirtschaftliches Risiko	max. 85% vom Preis, 15% SB
		politisches Risiko	max. 90% vom Preis, 10% SB

Nicht-deutsche Zulieferung

Die Indeckungnahme durch HERMES kann nur erfolgen, wenn der Anteil der nicht-deutschen Zulieferer einen bestimmten Prozentsatz nicht überschreitet. Der Grenzwert beträgt bei Zulieferung aus USA 10%, bei Zulieferung aus EFTA-Ländern 30% und bei Zulieferung aus EG-Ländern 40% vom Gesamtwert.

Kriterien für HERMES-Deckung

Für die Übernahme von Garantien und Bürgschaften, sprich HERMES-Deckung, betreffend Ausfuhrgeschäfte (Exportgeschäfte) und gebundene Finanzkredite an ausländische Schuldner ist im jährlichen Haushaltsgesetz der Bundesrepublik ein Ermächtigungsrahmen festgesetzt. Das heißt für die praktische Handhabung:

- Die Mittel für Bundesdeckung sind nur begrenzt verfügbar, sie werden jährlich neu festgelegt;

- Es wird je nach Länderlage über Art und Höhe der möglichen Deckungen entschieden;

- Es sind gewisse formale Kriterien einzuhalten, zwecks Risikobegrenzung und wegen internationaler Absprachen.

Länderlage

HERMES gibt turnusmäßig seine Orientierungswerte über die einzelnen Länder (Länderbeschlusslage) sowie auch den AGA-Report („Ausfuhr-Gewährleistungen – Aktuell") heraus. Darin werden die Kriterien aufgeführt, zu denen aktuell eine Deckung möglich ist (oder je nachdem auch Negativbescheid). Derartige Festlegungen sind z.B.

- der Höchstwert pro Einzelprojekt,

- die Erfordernis von Staats- und Banksicherheiten,

- die Begrenzung von Kreditlaufzeiten (z.B. 360 Tage),

- die zwingende Einschaltung namentlich genannter Banken, usw.

Neben derartigen Länderkriterien müssen außerdem „Formale Kriterien" unbedingt eingehalten werden, d.h., in den betreffenden Liefer- und Leistungsverträgen, für die eine Deckung der Exportrisiken beantragt wird, müssen handels- und branchenübliche Zahlungsbedingungen eingehalten sein. Es dürfen auch keine diskriminierenden Vorgaben wie beispielsweise bestimmte Flaggenvorschriften für die Verschiffung enthalten sein.

Für die Deckung von Exportkrediten wird auf die Einhaltung des sogenannten Konsensus geachtet (= Vereinbarungen zur Gleichschaltung von Deckungen staatlich geförderter Exportkredite zwischen den wichtigsten Mitgliedern der OECD-Länder). So darf der zu kreditierende Betrag höchstens 85% des Vertragspreises betragen (15 % werden aus Eigenmitteln des Investors erwartet), die Rückzahlung des Kredites muss in gleichen Halbjahresraten erfolgen (und zwar spätestens beginnend 1/2 Jahr nach Betriebsbereitschaft der Anlage), ein Mindestzinssatz ist einzuhalten und die Laufzeit des Kredites ist je nach Länderkategorie zu begrenzen.

Die letztgenannten Konditionen (Konsensus-Vereinbarungen) sind bei sämtlichen Bundesdeckungen zu beachten, also auch bei einer isolierten Fabrikationsrisikodeckung, da der Bund eine Ausfuhrgewährleistung nur übernehmen darf, wenn das Geschäft insgesamt förderungswürdig ist. Zu dem Aspekt der Förderungswürdigkeit gehört auch die Einhaltung multilateraler Absprachen.

Matching

Es kann sich bei einem Exportprojekt herausstellen, dass ein ausländischer Mitbewerber trotz Konsensus bessere Konditionen (Kreditzinsen, -laufzeit usw.) anbietet (wobei denkbar ist, dass die zuständige staatliche Exportkreditversicherung das Projektrisiko geringer eingestuft hat).

In solchen Fällen kann HERMES die gleichen Konditionen gewähren, um eine Benachteiligung des deutschen Exporteurs zu vermeiden. Dieser Vorgang wird als „matching" bezeichnet

passend sein, im Gleichklang sein, ■ to match
übereinstimmen

IMA

Die Anträge für eine Bundesdeckung (HERMES-Deckung) werden von einem interministeriellen Ausschuss (IMA) beraten und entschieden, der im 14-Tage-Tumus tagt. Dort sind Länderplafondierungen zu beachten. Schon deshalb sind die Genehmigungen mit einer Gültigkeit von nur drei Monaten versehen. Entsprechende Verlängerung kann aber jeweils beantragt werden.

Staatliche Exportkredit-Versicherer in anderen Ländern

Analog zu HERMES in Deutschland gibt es u.a.:

- COFACE   Frankreich
- SACE   Italien
- ECGD   Großbritannien
- FCIA   USA
- JEXIM   Japan
- ERG   Schweiz
- NCM   Niederlande
- CESCE   Spanien

3.12
Abnahme-Gesellschaften

Bei Exportprojekten ist es für den Kunden (Importeur) ein naheliegendes Anliegen, sich im vorhinein zu vergewissern, dass die Ware, die er erwerben will, ordnungsgemäß und qualitätsgerecht hergestellt wird bzw. unbeschädigt und vollständig zum Versand gelangt. Der Versand ist ein zahlungsauslösendes Moment, d.h. Beanstandungen vor diesem Zeitpunkt haben entsprechendes Gewicht. Häufig bedient sich ein Kunde zu diesem Zweck einer Abnahmegesellschaft, die in seinem Namen beim Lieferanten (Exporteur) aktiv wird, also im Werk erscheint zur Qualitäts- und Quantitätskontrolle, oder auch im Verschiffungshafen zwecks Identitätskontrolle. Darüber werden dann entsprechende Zertifikate erstellt oder sonstige entsprechende Dokumente. Nachfolgend eine Auswahl bekannter Gesellschaften, die hierfür in Frage kommen. Die Liste ist natürlich nicht vollständig und es ist damit keinerlei Wertung verbunden. Die untengenannten sind Gesellschaften, die nahezu auf allen technischen Gebieten tätig sind. Es gibt natürlich branchenbezogen auch reine Fachvereine, die dem ausländischen Partner aber meist nicht vertraut sind, und die deshalb hier nicht aufgezählt werden.

Der englische Oberbegriff kann lauten

(technische) Abnahmegesellschaft. ■ technical inspectorate

oder auch

Inspektion durch (neutralen) Dritten ■ third party inspection

- APAVE
- Bureau Veritas,
- COTECNA INSPECTION
- DNV = Det Norske Veritas
- Germanischer Lloyd,
- Lloyd's Register of Shipping,
- LRQA = Lloyd's Register of Quality Assurance,
- SGS = Société Général de Surveillance,
- Stoomwezen
- TÜV = Technischer Überwachungsverein,
- VERITÜV

(Letzteres ist eine im Mai 1991 erfolgte Gemeinschaftsgründung zwischen Westfälischem TÜV und dem französischen Bureau Veritas.)

Vokabel- und Sach-Register

Nachfolgend sind die Vokabeln aus den Kapiteln 2 und 3 aufgelistet:
- Teil I: Englisch-Deutsch
- Teil II: Deutsch-Englisch

Hinter der jeweiligen Übersetzung findet sich die Seitenzahl, die auf die Vokabel im Text der Kapitel 2 und 3 verweist. Kursiv und in Klammern erscheinen erläuternde Zusätze zu einzelnen Vokabeln.

Folgende Abkürzungen werden verwendet:

abgek.	abgekürzt
amerik.	amerikanisches Englisch
engl.	britisches Englisch
franz.	französisch
lat.	lateinisch
s.	siehe
sinngem.	sinngemäß
wörtl.	wörtlich
zeitl.	zeitlich

Englisch-Deutsch

A

aar s. against all risks 59
above ground works Hochbau 64
(to) accept akzeptieren 38, 47
acceptance 1. Abnahme; 2. Akzept 57,
68, 71, 72, 92
according to gemäß 66, 87
acknowledgement Bestätigung 16; ~ of
receipt Empfangsbestätigung 16
activity Aktivität 57
acts of God höhere Gewalt 46
actual wirklich, tatsächlich 71; based on
~s nach tatsächlichem Aufwand 71
addendum Nachtrag, Anhang 17
adjusted angepasst 38
advance Vorschuss 50
advance payment Anzahlung 50; ~ guarantee Anzahlungsgarantie 50, 105
advantage Vorteil 27
A/E s. Architects & Engineers 5
affidavit eidesstattliche Versicherung 27
after receipt of order (Zeit) nach Auf-
tragserhalt 20
after sales service Kundendienst 73
a/g s. above ground works 64
against all risks volle Deckung, Vollkasko 59
agency Agentur 4, 60; forwarding ~
Spedition 60; governmental ~ staatliche Stelle, Behörde 4
agenda Tagesordnung 54
agent 1. (örtliche Vertretung); 2. Promotor, Unterstützer 5, 40; buying ~ Kaufagent 5; forwarding ~ Spediteur 60
agent commission Provision für örtliche
Vertretung 29
aid Hilfe 51; capital ~ Kapitalhilfe 51
air bill of lading Luftfrachtbrief 62
airport Flughafen 59
air way bill (awb) Luftfrachtbrief 62
all risks insurance Vollkasko 59
allocation Bereitstellung 6; budget ~
Bereitstellung des Budgets 6
allowances for ... Einschlüsse (im Preis)
für ... 29

alternative Alternative 19
a.m. s. ante meridiem lat. 74
ambiguity Doppeldeutigkeit 17
amendment Anhang, Zusatz 15
anchor Anker 64; ~ bolt Ankerbolzen 64
annexure Anhang, Zusatz 15
annual Jahres- 6, 11; ~ report Jahresbericht 11; ~ revenue jährliche Erlöse
ante meridiem lat. Zeit vor 12 Uhr Mit-
tag 74
appendix Anhang, Zusatz 15
applicable anwendbar 41, 42; ~ law an-
zuwendendes Recht 41
(to) apply anwenden 38
approval Freigabe, Genehmigung 28,
66; ~ of drawings Zeichnungsgenehmigung 66
a/r s. against all risks 59
arbitration Schiedsspruch 32, 41; court
of ~ Gericht, Schiedsgericht 41; place
of ~ Schiedsgerichtsort 42
Architects & Engineers Ingenieurgesellschaft 5
ari s. all risks insurance 59
A.R.O. s. after receipt of order 20
as-built wie gebaut, gemäß Bauausführung 66; ~ drawing Zeichnung gemäß Bauausführung 66
aspect Gesichtspunkt 6, 10, 11
(to) assemble zusammenstellen 18
assembly Montage (im Werk) 57
assessment(s) 1. Steuern; 2. Einschät-
zung, Bewertung 24
assets Aktiva (in einer Bilanz) 11
assignment (of budget) Bereitstellung
(des Budgets) 6
(to) attend (a meeting) (an einer Besprechung) teilnehmen 54
attendee Teilnehmer (einer Besprechung) 54
authenticated (by) authentisiert (durch)
25
authority Befugnis, Behörde 4; governemental ~ staatliche Stelle, Behörde 4
availability Verfügbarkeit 20, 42
available verfügbar 6
award (of contract) Erteilung (eines Auf-

trages) 48; direct ~ Direktvergabe 7
(to) award (the contract) (den Vertrag)
erteilen 47, 48
awb *s.* **air way bill** 62

B

b2b *s.* **business to business** 108
b2c *s.* **business to customer** 108
back-to-back clause Subsidiärklausel 30
back-up ship Schiff mit Schwergutgeschirr 62
balance Ausgleich, Bilanz 11, 32; ~ **of**
plant der Rest, der übrige Teil einer
Anlage 32; ~ **sheet** Bilanzübersicht 11
bank guarantee for rentention Bankgarantie für Restrate 72
bar Balken 24, 57; ~ **chart** Balkendia-
gramm 24, 57
barter Tausch 22, 28, 101; ~ **business**
Tauschgeschäft 101; ~ **cost** Barter-
kosten 28; ~ **trade** Tauschhandel,
Barter 22, 101; **(to)** ~ tauschen 101
battery limits Liefergrenzen *(einer gro-*
ßen Baugruppe) 19
BCM *s.* **bid clarification meeting** 37
BCQ *s.* **bid clarification questionnaire** 36
bdd *s.* **bid due date** 17
BGR *s.* **bank guarantee for retention** 72
bid Angebot, Bietung 19, 26; ~ **bond**
Bietungsgarantie 19, 26, 104; ~ **clarifi-**
cation meeting Klarstellungs-Meeting *(zum Angebot)* 37; ~ **clarification**
questionnaire Fragebogen zum Angebot 36; ~ **guarantee** Bietungsgarantie 26; ~ **due date** Abgabedatum,
Tenderdate 17; ~ **readout** Verlesung
der Angebote 35; **(to)** ~ anbieten 10,
12 16
bidder Anbieter 10, 12 31; **sole** ~ Einzel-
anbieter 29; ~ **list** Bieterliste, Ver-
zeichnis der Anbieter 12
bidding procedure *(öffentliche)* Ausschreibung 14
bidding structure Anbieter-Konstellati-
on 29
bill Rechnung, Wechsel 61, 91; ~ **of ex-**
change gezogener Wechsel, Trat-

te 91; ~ **of lading** Frachtbrief 61; **air**
~ **of lading** Luftfrachtbrief 62; ~ **of**
quantities Preis/Mengengerüst 23;
liner way ~ (See-)Fracht-Empfangs-
bescheinigung 61; **marine** ~ **of la-**
ding Seefrachtbrief, Konossement 61;
ocean ~ **of lading** Seefrachtbrief, Konossement 61; **railway** ~ **of lading**
Bahnfrachtbrief 61; **(to)** ~ zahlen,
Zahlung ausführen 71
billed at cost Zahlung nach tatsächlichem Aufwand 71
bio data *(wesentliche)* Lebensdaten 67
bl, BL *s.* **battery limits** 19
b/l, B/L *s.* **bill of lading** 61
black list schwarze Liste 8, 9
(to be) blacklisted auf der schwarzen
Liste stehen 8
boarding Kost, Verpflegung 71; ~ **and**
lodging Kost und Logis 71
body Körperschaft, Gremium 4
bond Verbindlichkeit, Verpflichtung 26, 28, 50; **direct** ~ direkte Garantie 26
boo, BOO *s.* **build/operate/own** 22, 102
book Band, Buch 15
boom, BOOM *s.* **build/operate/own/**
maintain 22, 102
bop, BOP *s.* **balance of plant** 32
bot, BOT *s.* **build/operate/transfer** 22, 101
BOx B.B.Ü.-Variante „x" 23, 102
B/Q, BOQ *s.* **bill of quantities** 23
branch office Zweigniederlassung, Aus-
landsvertretung 40
break even point Kostendeckungspunkt, Rentabilitätsschwelle 6
breaking points nicht verhandelbare Positionen 41
bribe Schmiergeld 27
brickwork Mauerwerk 65
brochure Broschüre, Katalog 24
broker 1. Helfer, Promoter, Unterstützer; 2. Börsenmakler, Broker 40
b to b *s.* **business to business** 108
b to c *s.* **business to customer** 108
budget Budget, Geldmittel 6; ~ **alloca-**
tion Bereitstellung der Geldmittel 6;
~ **price** Richtpreis 8; ~ **quotation**

Richtangebot 8
budgetary Budget-, Richt- 8
building Gebäude 65
build/operate/own bauen/betreiben/be-
sitzen 22, 102
build/operate/own/maintain bauen/be-
treiben/besitzen/instandhalten (war-
ten) 22, 102
build/operate/transfer bauen/betreiben/
übertragen (B.B.Ü.) 22
business to business *(wörtl.: Handel
zum Handel)* Handel/Geschäfte von
Firmen untereinander über das Internet 108
business to customer *(wörtl.: Handel
zum Verbraucher)* Handel/Geschäfte
über das Internet zum Endkunden 108
buyback Rückkauf 22, 101
buyer Besteller, Kunde 48
buyer's credit Bestellerkredit, Kundenkredit, *(gebundener)* Finanzkredit 22,
97
buying agent Kaufagent 5, 85

C

cable duct Kabelkanal 64
call Aufruf 14; ~ **for bids** öffentliche
Ausschreibung 14; ~ **for tender** öffentliche Ausschreibung 14; **(to)** ~
(for) beantragen, ersuchen 17
calling ziehen *(einer Garantie)* 26; **un-
fair** ~ ungerechtfertigtes Ziehen 26
cap Deckelung *(Begrenzung von Haftpflicht u./o. Konventionalstrafe)* 43,
44; ~ **in amount** Deckelung des Be-
trages 44; ~ **on time** Deckel auf den
Zeitraum 44; **overall** ~ Deckel über
alles 43
capability Fähigkeit, Eignung 10
capacity Leistung 5, 20, 62; **lifting** ~
Hebefähigkeit, Tragfähigkeit 62
capital aid Kapitalhilfe 51
car *s.* **construction all risks** 59
cargo Fracht 63; **single** ~ Einzelfracht 63
carry tragen, übergeben 33; **hand car-
ried** von Hand übergeben 33
cash against documents Kasse gegen

Dokumente 61
cashflow verfügbare Mittel eines Unternehmens 11
cash on delivery Bargeld bei Lieferung,
Zahlung bei Lieferung 21, 90
casing Verschalung 65
catastrophe (Natur-)Katastrophe 46
c/d *s.* **cash against documents** 61
ceiling Obergrenze 29
C.E.O. *amerik. s.* **Chief Executive Officer** 11
certificate Zertifikat 53, 56, 58, 67; ~ **of
inspection** Inspektionszeugnis 58; ~
of insurance Versicherungspolice 60;
~ **of origin** Ursprungszeugnis 56;
delivery verification ~ Wareneingangsbescheinigung 53; **final acceptance** ~ Endgültiges Abnahmezeugnis
68, 72; **import** ~ Einfuhrbescheinigung 53; **non objection** ~ Führungszeugnis 67; **performance test** ~ Leistungsnachweis 58; **provisional acceptance** ~ Vorläufiges Abnahmezeugnis 68, 71
C+F *(veraltete Bezeichnung, richtig:
CFR, aber gelegentlich noch verwendet)* **Cost and Freight** 59, 89
cfb, CfB, CFB *s.* **call for bids** 14
CFR *(früher C+F) s.* **Cost and Freight**
59, 89
chairman of the board Vorstandsvorsitzender 11
change order Ordernachtrag 8
charges Auflagen, Gebühren 24, 29
CHB *s.* **chairman of the board** 11
check *amerik.* Scheck 91
cheque *engl.* Scheck 91
Chief Executive Officer Vorsitzender
der Geschäftsführung 11
chronogram Zeitablaufplan 57
c/i *s.* **certificate of insurance** 60
CIF *s.* **Cost, Insurance, Freight** 59, 88
civil zivil, bürgerlich 24, 45, 64; ~ **commotion** Tumult, Unruhe 45; ~ **war**
Bürgerkrieg 45; ~ **works** Bauteil,
Bauwesen *(Zivilbauten als Gegensatz
zu Militärbauten wie Befestigungs-
oder Pionierbau)* 24, 64

claim Anspruch, Forderung 44, 72; to
put in a ~ etwas beanstanden 72; to
waive a ~ auf einen Anspruch/Bean-
standung verzichten 72; (to) claim etwas beanstanden 72
clarification Klarstellung 37
clause Klausel 8, 23, 24, 32, 46; arbitration ~ Schiedsgerichtsklausel 32;
back-to-back ~ Subsidiärklausel 30;
flag ~ Flaggenklausel 62; hardship ~
Härteklausel 46; If-and-when ~
Wenn/Dann-Klausel 30; reservation
~ Preisvorbehalt 24
clean payment reine Zahlung 91
clearance/customs clearance (Zoll-)Ab-
fertigung 23, 36
clearing Verrechnung, Saldierung 22, 101
client Klient, Vertragsnehmer 48
CMR *s.* convention relative au contrat
de transport international de marchandise par route *franz.* 62
c.o.d. *s.* cash on delivery 21, 90
code Norm 42
cofinancing Kofinanzierung 117
colli list Packliste 60
collo Kollo, Packstück 60
commercial kaufmännisch 6, 10, 15, 61;
~ invoice Handelsrechnung 61
commission 1. Provision, Handgeld; 2.
„Schmierseife" 27, 29, 40
commissioning Inbetriebnahme 19, 65
commitment Verpflichtung 26; ~ fee
Bereitstellungsgebühr 26
commotion Bewegung, Tumult 45
compacting (of soil) Verdichten (des
Bodens) 65
company 1. Gesellschaft; 2. Unternehmer
4, 10, 48; parent ~ Muttergesellschaft
10
comparable vergleichbar 37
comparison Vergleich 36, 37
compensation business Kompensationsgeschäft 22
compensation (for) Entschädigung
(für) 45
(to) compete im Wettbewerb stehen 36
competence Befähigung, Qualifikation 67
competition Wettbewerb 36

competitive wettbewerbsmäßig 14
competitiveness Wettbewerbsfähigkeit 8
competitor Mitbewerber 36
(to) compile *(Angebot)* zusammenstellen 18
completeness Vollständigkeit 16
completion Fertigstellung 20, 21, 42; ~
date Fertigstellungstermin 42; ~
time Fertigstellungszeit 20
compliance (with) Übereinstimmung
(mit) 35; in ~ with in Übereinstimmung mit 35
component Baugruppe 30
(to) compromise einen Kompromiss eingehen 47
concern betreffen, angehen 12; to whom
it may ~ an die interessierte Stelle 12
conclusion (of contract) Abschluss (des
Vertrages) 48
concrete Beton 65
conditioned an die Bedingung(en) geknüpft 71
conference line Konferenz-Linie 62
confidentiality Vertraulichkeit 16
confirmed bestätigt 21, 94
conflict Konflikt 41, 45; in ~ with in
Widerspruch zu 41
conforming to in Einklang mit 35
conformity Übereinstimmung 60
consolidation Sammelfracht 63
consortium Konsortium 30, 31, 33;
~ agreement Konsortialvereinbarung
31; ~ paper Konsortialpapier 33;
open ~ offenes Konsortium 31; silent ~ stilles Konsortium 31
construction Bau, Errichtung, Konstruktion 59; ~ all risks Versicherung in
Bezug auf Bauteil und Montage 59
consultancy agreement Beratungsab-
kommen, Beratervertrag 39
consultant 1. Berater, Konsultant; 2.
Helfer, Promoter, Unterstützer 5, 40
consulting engineer Beratender Ingenieur 5, 83
contamination (by radioactivity) (radio-
aktive) Verseuchung 45
contingencies (of) Unvorhersehbares
(bezüglich) 29

ausgeschobenem Zahlungsziel 95
deficiency Defizit, Mangel 43
delay Verzug, Verspätung 43, 46, 69;
excusable ~ entschuldbare Verzöge-
rung 46; LD's for ~ Verzugsentschädigung 69; notice of ~ Meldung der
Verspätung 69; penalty for ~ Pönale
für Verzug 69; ~ed verspätet 43, 69
(to) delete *(Text)* auslöschen 47
delivery Lieferung, Anlieferung 11, 16,
20, 42, 51, 53, 58, 61; ~ guarantee Liefergarantie 51, 105, 106; ~ schedule
Lieferzeit, Lieferplan 20, 42; ~ times
Lieferzeiten 11, 20; ~ verification certificate Wareneingangsbescheinigung
53; pro rata ~ ratierliche Lieferung 61
department Abteilung 53; order handling ~ Auftragsabwicklungsabteilung
53; project handling ~ Auftragsabwicklungsabteilung 53; sales ~ Verkaufsabteilung 53
destination Ziel, Verbleib 52; proof of
ultimate ~ Endverbleibnachweis 52
deviation from Abweichung von 19
dimension Abmessung 64
disclosure Enthüllung 16
discrepancy Diskrepanz, Unstimmigkeit 17
disorder *(politische)* Unruhen 45
dispatch Versand 58
divisible teilbar 21, 94
division of work Aufteilung der Arbeit 31
divulgement Verbreitung, Offenlegung
16
documentation Dokumentation 19, 69
documents against acceptance Dokumente gegen Akzept 92; ~ against
cash Dokumente gegen Kasse 61;
~ against payment Dokumente gegen
Kasse 61, 92
DOW *s.* division of work 31
down payment Anzahlung 21, 50;
~ guarantee Anzahlungsgarantie 105
d/p *s.* documents against payment 61, 92
draft 1. Entwurf; 2. gezogener Wechsel,
Tratte 41, 91, 95
drainage Drainage, Wasserableitung 65
drawing 1. Zeichnung; 2. Ziehen *(einer*

Garantie) 15, 24, 26, 66; approval of
~ Zeichnungsgenehmigung 66; as-
built ~ Zeichnung gemäß Bauausführung 66
dual use good(s) in zweifacher Hinsicht
verwendbare Güter *(zivil/militärisch)*
53
due fällig, vorgesehen 12; ~ date ver-
bindliches *(Einreiche-)*Datum 12
duty Aufgabe, Pflicht 23; customs ~
Zoll 23, 28

E

EAR *s.* erection all risks 60
earthquake Erdbeben 46
e-auction E-Auktion, Auktion im Internet 110
e-biz *s.* e-business 108
e-business *(IBM-Definition)* die Überführung des wesentlichen Geschäfts-
verkehrs auf elektronische Handhabung *(via Internet-Technologien)* 108
ECA *s.* Export Credit Agency 55
e-commerce *(IBM-Definition)* ein Aspekt
des e-business *(vorwiegend Kauf/Ver-
kauf)* 108
e-deliverable elektronisch lieferbar 15, 34
edition Ausgabe 79
edrs *s.* equipment data requisition
sheet(s) 18
efficiency Wirkungsgrad 6, 20, 42
e.g. *s.* exempli gratia z.B. 74
electronic file elektronisch versandtes
Dokument 15, 34
electronic quotation elektronisch versandtes Angebot 34
eligibility Eignung 10
eligible wählbar 9
elimination Bereinigung 37
e-market place elektronischer Marktplatz 110
employer Auftraggeber, Unternehmer 48
enclosure Anlage, Anhang 49
encryption Verschlüsselung *(von Netz-
nachrichten)* 34
engineer consultant Ingenieurgesellschaft 5

tungsgebühr 26; **management ~**
Bankgebühr 26
fencing Umzäunung 65
FIDIC *s.* **Fédération Internationale des**
Ingénieurs-Conseils 86
field (performance) test Leistungsnachweis vor Ort, Abnahmetest auf
der Baustelle 57, 68; **~ service engi-**
neer Kundendienstingenieur 73;
~ service representative Kunden-
dienstler 73; **~ support service** Kundendienst 73
file 1. Akte; 2. Band 15; **electronic ~**
elektronisch versandtes Dokument 15
Final Acceptance Certificate endgültiges
Abnahmezeugnis 68, 72; **~ Taking**
Over endgültige Übernahme 72
financing Finanzierung 6, 22, 28, 51;
co-~ Kofinanzierung 117; **~ condi-**
tions Finanzierungsbedingungen 22;
~ cost Finanzierungskosten 28; **mi-**
xed ~ Mischfinanzierung 116
fine Auflage, Strafsumme 23
fit for purpose zweckgemäß, zweckgerecht 12
fit-up test Aufstelltest 58
flag Flagge 62; **~ clause** Flaggenklausel
62
(to) float (a tender) (einen Tender) herausbringen 15
floating price Gleitpreis 23
flood Flutkatastrophe 46
flow Fließen 24; **cash~** verfügbare *(flüs-*
sige) Mittel eines Unternehmens 11;
~ sheet Fließschema 24
FOB, fob *s.* **free on board** 59, 88
follow-up *(Projekt-)*Verfolgung 53
force Kraft, Gewalt 45, 50; **coming into**
~ Inkrafttreten 50; **~ majeure** Höhere Gewalt 45
forfaiture Forfaitierung 99
formwork Verschalung *(Bauwesen)* 64,
65; **~ and reinforcement drawings**
Schal- und Bewehrungspläne 64
forward auction E-Auktion mit Bietung
aufwärts 110
forwarding agency Spediteur, Trans-
portunternehmer 60; **~ agent** Trans-

portunternehmer 60
foundation Fundament 64, 65; **~ load**
Fundamentbelastung 64
fpt *s.* **field performance test** 57, 68
free on board frei Bord 59, 88
freight Fracht, Versendung 58; **air ~**
Luftfracht 59; **ocean ~** Seefracht 58;
sea ~ Seefracht 58
(to) front (a project) die Führung (eines
Projektes) übernehmen 31
F/S *s.* **feasibility study** 5
FTO *s.* **Final Taking Over** 72
(to) fulfill erfüllen 35
functional test Funktionsprobe 68

G

GC *s.* **General Contractor** 31
general conditions allgemeine Bedingungen 15
General Contractor Generalunternehmer (GU) 31
general terms and conditions Allgemeine
Geschäftsbedingungen (AGB) 27
gift Geschenk 27
go ahead Grünes Licht *wörtl.* Voran-
schreiten 7
good(s) Liefergut 19; **dual use ~** in
zweifacher Hinsicht verwendbare Güter *(zivil/militärisch)* 53
grace Gnade, Milde 22, 97; **~ period** tilgungsfreie Zeit 22, 97
(to) grant bewilligen, gewähren 18
grass root Grasnarbe 4; **~ installation**
Anlage auf der „grünen Wiese" 4
green field site Anlage auf der „grünen
Wiese" 4
(from) ground up (von) Grund auf *(neu)*
4
grouting Vergussmasse 65
gtc, GTC *s.* **general terms and condi-**
tions 27
guarantee Garantie 19, 20, 51, 104–106;
call out ~ Liefergarantie innerhalb einer fixierten Zeit 20

H

handling Behandlung 26; ~ fee Bearbeitungsgebühr, Bankgebühr 26
harbour Hafen 59
hardened ausgehärtet 66
hardship Härte 46; ~ clause Härteklausel 46
hardware *hier:* das Liefergut 19
heavy schwer 62; ~ lift Schwerlastteil 62
helper Hilfskraft 66
HERMES HERMES Kreditversicherung
AG 28, 122
hidden verborgen 68; ~ defect verdeckter Mangel 68
hierarchy Rangfolge *(von Dokumenten)*
50
hold Stop 7; placing on ~ *(Projekt ist
in)* Wartestellung 7
home page Seite im Internet 109
hostilities Feindseligkeiten 45

I

IBRD *s.* International Bank for Reconstruction and Development 117
icb, ICB *s.* international competitive
bidding 14
ICC *s.* International Chamber of Commerce 87
id est *lat.* das heißt, d.h., *abgek.* i.e.,
gespr. that is, that means 74
i.e. *s.* id est 74
ifb *s.* invitation for bid 14
IMF *s.* Internat. Monetary Fund 120
impact Beeinflussung, Einwirkung 6
import certificate Einfuhrbescheinigung
53
importer Importeur 48
inaccuracy Ungenauigkeit 16
incentive Anreiz 27
increment 1. Wertzuwachs, Bonus; 2.
Steigerungsrate *(bei E-Auktion)* 38,
110
indemnification (for) Entschädigung
(für) 45
indemnity (for) Entschädigung (für) 45
indoor installation Innenaufstellung 6

inducement Anreiz 27
inflation Inflation 29
initialled abgezeichnet 27
initials Initialien, Anfangsbuchstaben 27
inland Binnen-, Land- 59; ~ navigation
Binnenschiffahrt 59; ~ transportation
Landtransport 59
inquiry Anfrage 13; ~ documents Anfra-
geunterlagen 13
inspection Inspektion, Begutachtung 53,
73, 127; certificate of ~ Inspektionszeugnis 58; ~ activities Inspektionsmaßnahmen 57; third party ~ Inspektion durch *(neutralen)* Dritten 127
inspectorate Inspektorat 126; Technical
~ Abnahmegesellschaft 126
instalment (Rückzahlungs-)Rate 22;
half-year ~ halbjährliche Rückzahlungsrate 22
insurance Versicherung 28, 59, 60; all
risks ~ Vollkasko, volle Deckung 59;
certificate of ~ Versicherungspolice
60; ~ cost Versicherungskosten 28;
social ~ Sozialversicherung 67
integral vollständig, integral 49
(to) intend beabsichtigen 16
intent Absicht, Vorsatz 40; letter of ~
Kaufabsichtserklärung 40
intentional vorsätzlich, willentlich 45
interests Zinsen 22, 28; negative ~ Zins-
vorteil aus erhaltener Anzahlung 28;
rate of ~ Zinssatz 22
interim Zwischen- 21; ~ payment(s)
Zwischenzahlung(en) 21
International Bank for Reconstruction
and Development Internationale Bank
für Wiederaufbau und Entwicklung =
Weltbank 117
International Chamber of Commerce
Internationale Handelskammer 87
international competitive bidding öffentliche Ausschreibung 14
Internat. Monetary Fund (IMF) Internationaler Währungsfonds (IWF) 120
investigation Untersuchung 64; soil ~
Bodenuntersuchung 64
investment Investition 6; return on ~
Rentabilität, Rendite 6

invitation for (to) bid öffentliche Ausschreibung 14
invitation to tender öffentliche Ausschreibung 14
invoice Rechnung 61; commercial ~ Handelsrechnung 61; proforma ~ Proforma-Rechnung 61
involved involviert, einbezogen, verwickelt 54; parties ~ die *(vom Projekt, vom Vorgang)* Betroffenen 54
(to) issue erteilen, ausstellen 68
itb, ITB *s.* invitation to bid 14
item Punkt, Artikel, Baugruppe, Position, Posten 41, 64
itt *s.* invitation to tender 14

J

jobber Helfer, Promoter, Unterstützer 40
joint vereint, gemeinschaftlich 30, 32; ~ and several liability gesamtschuldnerische Haftung 32; ~ venture Joint Venture 30
jointly and severally liable gesamtschuldnerische Haftung 32

K

key Schlüssel 11; ~ personnel Personal in Schlüsselposition 11; turn ~ schlüsselfertig 11
kickback Vergütung 27
kick-off Anstoß 54; ~ meeting Start-Besprechung 54

L

labourer ungelernter Arbeiter 66
lack (of) Mangel (an) 3
lading Fracht 61; bill of ~ Frachtbrief 61
latent verborgen 68; ~ defect verdeckter Mangel 68
latest date Spätestfrist 20
law Gesetz 41; applicable ~ anwendbares Recht 41; governing ~ anwendbares Recht 41; body of ~ anwendbares Recht 41

layout Auslegung 6, 64; overall ~ Gesamtübersicht, Lageplan 64
L/C *s.* Letter of Credit 21, 28, 94, 95; ~ covering account Akkreditivauffüllungskonto 52
lcb *s.* local competitive bidding 14
LDC *s.* less developed countries 51, 112
LD's *s.* liquidated damages 42, 69; ~ for delay Verzugsentschädigung 69; ~ for non-compliance with ... Konventionalstrafe für nicht eingehaltenes ... 69
lead manager Federführer 31
lead time Vorlaufzeit 20
leader Führer, Federführer 30
leasing Leasing 22, 100
least developed countries die am wenigsten entwickelten Länder, die ärmsten Entwicklungsländer 51, 113
legal rechtlich, juristisch 10, 49; ~ domicil Gesellschaftssitz 10; ~ opinion Rechtsgutachten 49; ~ status Gesellschaftsform 10; ~ tender die gesetzlichen Zahlungsmittel 13
legislation Gesetzgebung 29
less developed countries die Entwicklungsländer 51, 112
letter Brief 18, 50; covering ~ Begleitbrief 18; side ~ Nebenvereinbarung 50; ~ of Credit Akkreditiv 21, 96; ~ of Intent Kaufabsichtserklärung 40; ~ to Proceed Startaufforderung 7
levelling Planierung 65
levies Abgaben 23
liability 1. Verpflichtung, Pflicht; 2. Haftung, Haftpflicht 11, 32, 43, 44; equities and ~ Passiva *(Bilanz)* 11
liaison Verbindung 40; ~ office Verbindungsbüro 40
lib *s.* limited international bidding 14
licence Lizenz 24, 52; import ~ Importlizenz 24
life cycle/life time Lebensdauer 6
lifting capacity Hebefähigkeit, Tragfähigkeit 62
lifting tackle Hebezeug 66
lift-on/lift-off laden/löschen 62
lighting Beleuchtung 65
limit Grenze, Abrenzung 19; ~(s) of

supply Liefergrenze(n) 19
limitation of liability Begrenzung der
Haftpflicht 44
limited international bidding Ausschreibung mit begrenztem Kreis von
Anbietern 14
line Linie 35, 62; in ~ with im Rahmen
von 35
liner way bill Seefracht-Empfangsbe-
scheinigung 61
(to) liquidate u.a. Schuldbetrag feststel-
len 43; ~d damages Konventionalstrafe 42
(to be) listed auf der *(Bieter-)* Liste sein 9
LLDC s. least developed countries 51, 113
local competitive bidding Ausschreibung an begrenzten Kreis von Anbietern 14
lockout Aussperrung 45
logistics Anbindung, Versorgung, Logistik 6
loi, LOI s. Letter of Intent 40
LOL s. limitation of liability 44
lo/lo s. lift-on/lift-off 62
long lead item Teil bzw. Komponente
mit langer Lieferzeit 20
loss Verlust 10, 44; profit and ~ accounts Gewinn- und Verlustrechnung 10; ~ of contract Verlust an
Vertragserfüllung 44; ~ of production Verlust an Erzeugung 44; ~ of
profit Verlust an Gewinn 44; ~ of
use Verlust an Verwendung 44
LTP s. Letter to Proceed 7
lump Stück, Haufen, Masse 23;
~ sum Gesamtsumme, Summe über
alles 23

M

magnitude (of the project) Größe, Umfang (des Projektes) 6
(to) mail per Post schicken 34
mailed by aircarrier zugesandt durch
Luftkurier 34
mail box Mail-Box 34
main hauptsächlich 11, 57, 65, 84; ~ activities Hauptaktivitäten 11, 57; ~ con-

tractor Generalunternehmer (GU) 31,
84; ~ field Hauptfeld 11; ~ packages
Hauptkolli 65
maintainability Wartungsfreundlichkeit
11
maintenance Instandhaltung, Wartung
73; ~ book Betriebshandbuch, War-
tungshandbuch 73
malus Malus, Minderung 38
managing contractor Generalunternehmer (GU) 31
manpower Arbeitskraft, Arbeitskräfte 6
manual Handbuch 73; operation instruction ~ Betriebshandbuch 73
manufacture Erzeugung, Fertigung 56
margin Marge, Spanne 29; negotiation
~ Verhandlungsspanne 29; profit ~
Gewinnspanne 29
Master Bar Chart Balkenplan der Hauptaktivitäten 57
material cost Materialkosten 28
MBA s. Master Bar Chart 57
MC s. 1. main contractor; 2. managing
contractor 31
member Mitglied 31; ~ of a consortium
Konsortiumsmitglied 31
memorandum of understanding Gesprächsergebnis, Vereinbarung 54
milestone Meilenstein, markanter Punkt
bzw. Ereignis im Projektablauf 70, 97;
~ payment Zahlung nach Ereignissen
70
ministry Ministerium 4
minutes of meeting Besprechungsproto-
koll 54; to take the ~ das Protokoll
führen 54
misconduct fehlerhaftes Führen *(Anlage)* 45; intentional ~ vorsätzliches
Fehlverhalten 45; wil(l)ful ~ grobe
Fahrlässigkeit 45
misunderstanding Missverständnis 37
mixed financing Mischfinanzierung 116
mob / demob s. mobilisation / demobili-
sation 64
mobile crane Autokran 66
mobilisation/demobilisation Baustelle
aufmachen/schließen 64
(to) mock imitieren, nachahmen 58

mock-up Modell, Attrappe 58
mock-up test Aufstelltest 58
modernisation Modernisierung 4
(to) modify ändern 47
mom, MOM s. minutes of meeting
monthly monatlich 70
mortar Mörtel 65; filling ~ Vergussmasse 65
most seriously affected countries die
ärmsten Entwicklungsländer 113
mou, MOU s. memorandum of understanding 54
MSAC s. most seriously affected countries 113
municipality Stadtverwaltung 4

N

n. a. s. not applicable 25
needs Bedarf an 3
negligence Nachlässigkeit, Fahrlässigkeit 45
negotiable (L/C) begebbar(er Akkreditiv)
21, 95
negotiated deal Freihandvergabe 7
negotiation Verhandlung 35, 37, 39, 41;
final ~ Endverhandlung(en) 37
netvertising Werben im Internet 109
NOC s. non objection certificate 67
noise Lärm 20, 42; ~ emission Lärm-
abgabe 20, 42
non-compliance (with) Nicht-Überein-
stimmung (mit) 69
non objection certificate Führungszeugnis 67
not applicable nicht zutreffend 25
note Vermerk, Anmerkung 60; ~ of
conformity Bescheinigung der Übereinstimmung 60; promissory ~ Solawechsel 92
notice to proceed Startaufforderung
(Projekt) 7
NTP s. notice to proceed 7

O

objective Zielsetzung, Vorgabe 6
obligation Verpflichtung 29

obtainable erzielbar 6
o/g s. overground works 64
off außerhalb 54; ~ the records außerhalb des Protokolls, nicht für das Protokoll bestimmt 54
offer Angebot 18; extent of ~ Angebotsaufbau 18; structure of ~ Angebotsaufbau 18
offset Gegenforderung 22, 102
OIM s. Operation Instruction Manual 73
O&M-Contract s. Operation and Maintenance Contract 73
O&M-Service s. Operation and Maintenance Service 73
omission Auslassung 16
one-to-one marketing sinngem. das ge-
zielte Zugehen eines Herstellers auf
einen Einzelkunden 111
operation Betrieb, Lauf 11; ~ Instruction Manual Betriebshandbuch 73;
~ and Maintenance Contract Betrei-
bervertrag 73; ~ and Maintenance
Service Betriebs- und Wartungsdienst 73
operational regime Fahrweise (Anlage) 6
operator Betreiber 48
option Option, Wahlmöglichkeit 19
order 1. Auftrag, Order, 2. Reihenfolge 8, 10, 47, 49; ~ handling Auftrags-
abwicklung 53; ~ income Auftragseingang 10; ~ of business Tagesordnung 54; ~ of precedence Rangfolge
(der Gültigkeit) 49; ~ of the day Tagesordnung 54; ~s in hand Auftrags-
bestand (in Abwicklung begriffen) 10;
~s received Auftragseingang 10
organigram Organisationsplan 11
organisational chart Organisationsplan 11
origin Herkunft, Ursprung 10, 56
outcome Leistung, Ausstoß 6
outdoor installation Außenaufstellung 6
outline Aufbau, Anordnung, Auslegung 6
output Leistung, Ausstoß 6
overall gesamt 11, 43, 64; ~ layout Gesamtübersicht 64
overdue überfällig, verspätet 13
overground works Hochbau 64

~ **break down** Preisaufgliederung 23; ~ **escalation** Preisgleitung 8, 23; ~ **premium** Bonus 38; ~ **scaling** Preisstaffelung 23; ~ **sheet** Preisblatt, Preisseite 18

prime Haupt-, erster 31; ~ **bidder** Federführer 31

principal 1. Federführer; 2. Auftraggeber 31, 48

prior vorausgehend, vorherig 24; ~ **sales reserved** vorbehaltlich Zwischenverkauf 24

privately owned in Privatbesitz befindlich 3

procedure Verfahren 10

process verbal Protokoll 54

production Herstellung, Produktion 28, 56; ~ **cost** Herstellungskosten 28

proficiency Tüchtigkeit, Fähigkeit 67

profile Profil (eines Unternehmens) 10

profit Gewinn 10, 11, 29; ~ **and loss accounts** Gewinn- und Verlustrechnung 10; ~ **situation** Ertragslage 11

profitableness Rentabilität 6

profits Profiterwartung, Rentabilität 6

proforma invoice Proforma-Rechnung 61

progress Fortschritt 70; ~ **of work** *(hier)* Montagefortschritt 70; ~ **payment** Fortschrittszahlung 70; ~ **report** Fortschrittsbericht 70

project handling (Projekt-)Abwicklung 53; ~ **department** Abwicklungsabteilung 53

project identification Projekt-Phase 3

project leader Federführer 31

project manager (Auftrags-)Abwickler, Projektleiter 53

promoter Unterstützer, Promoter 40

proof Nachweis, Beweis 52

proposal Angebot 8, 14

pro rata pro Rate, ratierlich 21, 61; ~ **delivery** ratierliche Lieferung 21, 61; ~ **payment** ratierliche Zahlung 61

prospective potentiell, künftig 3

prototype Prototyp, Neuentwicklung 11

(to) provide with versehen mit 40

provision with Vorsehen, Versehen mit

40

Provisional Acceptance Certificate vorläufiges Abnahmezeugnis 68

provisional take over vorläufige Übernahme 68

proxy with general PoA Prokurist mit Gesamtprokura 25

psychological warfare psychologische Kriegsführung 38

ptc *s.* performance test certificate 58

PTO *s.* provisional take over 68

public öffentlich 14, 35; ~ **opening** Angebotseröffnung in Gegenwart der Anbieter 35; ~ **reading** öffentliche Verlesung *(der eingetroffenen Angebote)* 35; ~ **tender procedure** öffentliche Ausschreibung 14

publically owned in öffentlichem Besitz 3

(to) publish veröffentlichen, herausbringen 15

(to) punch schlagen, boxen 71

punch list Restpunkteliste 71

(to) purchase kaufen, erwerben 47

purchase order Kaufvertrag 47

purchaser Erwerber, Kunde, Käufer 38, 48

purpose Zweck 12; **fit for** ~ zweckgemäß, zweckgerecht 12

Q

QA *s.* quality assurance 25

QAP *s.* quality assurance program 57

QC *s.* quality control 25

qualification Fähigkeit, Eignung 10, 12

quality Qualität 25, 57; ~ **assurance** Qualitätssicherung 25; ~ **assurance program** Qualitätssicherungsprogramm 57; ~ **control** Qualitätsüberwachung 25

quantification Bewertung, Quantifizierung 28; ~ **of risk** Risikoabschätzung 28

quantity Volumen, Menge 20; ~ **surveyor** Baukostenberater 6, 85

questionnaire Fragebogen, Frageliste 36

quotation Angebot 8, 14, 38

(to) quote 1. anbieten; 2. zitieren 14
quote Zitbeginn 14

R

railroad Eisenbahn 59; ~ way bill Bahnfrachtbrief 61
railway Eisenbahn 59
range Bereich 11
product range Produktpalette 11
ranking Rangfolge, Reihenfolge 50
rate Rate, Maß, Satz 70; daily ~ Tagessatz 70; per diem ~ Tagessatz 70; ~ of
interests Zinssatz 22
rating Ruf, Ansehen 10
readout Verlesung, Vorlesen 35; bid ~
Verlesung der Angebote 35
rebid erneutes Ausschreibungsverfahren 35
records Aufzeichnung, Protokoll 54;
off the ~ nicht für das Protokoll bestimmt 54
reference Bezug 11; ~ list Referenzliste
11
refinancing Refinanzierung 6
(to) refine (Preise) verbessern, verfei-
nern 37
refit Ertüchtigung, Modernisierung 4
refraining from zurückziehen von 7
refurbishment Nachbessern, Verbessern
4
(to) refuse verweigern 33
registration file Handelsregister 11
rehabilitation Nachrüstung, Modernisierung 4
reinforced concrete armierter Beton 65
reinforcement Bewehrung (Beton) 64,
65; formwork and ~ drawings Schal-
und Bewehrungspläne 64
reinstatement of site ordnungsgemäßes
Verlassen der Baustelle 65
(to) reject zurückweisen 33
rejection Verwerfen, Zurückweisen 6
release Freigabe, Entlastung 60; ~ for
shipment Versandfreigabe 60
(to) release (a tender) (einen Tender)
herausbringen 15
reliability Zuverlässigkeit 42

removal Entfernen 72; ~ of defects Aus-
bessern von Mängeln 72
repair Reperatur 73
repeat order Folgeauftrag 8
(to) replace ersetzen 17
report Bericht 11; annual ~ Jahresbericht 11
representative Firmenvertreter 40
requalified requalifiziert 9
(to) request beantragen, ersuchen 17
request for proposal öffentliche Ausschreibung 14
request for quotation öffentliche Ausschreibung 14
requisition Anforderung 18; ~ sheet
Blatt zur technischen Beschreibung 18
reservation Vorbehalt 24; ~ clause
Preisvorbehalt 24
residence permit Aufenthaltserlaubnis
67
responsive to eingehend auf 35, 36
(to) resume (Verhandlung) wieder aufnehmen 39
retendering erneutes Ausschreibungsverfahren 35
retention Zurückbehaltung, Einbehal-
tung 72, 106; ~ money Rückbehalt
72, 106
retrofitting Ertüchtigung, Modernisierung 4
return Wiederkehr 6; ~ on investment Rentabilität, Rendite 6
revamping Verbessern, Wiederinstand-
setzen 4
revenue Erlös(e) 6; net annual ~ jährliche Nettoerlöse 6
reverse auction eine E-Auktion mit Bietung abwärts gerichtet 110
review Durchsicht, Prüfung 58
(to) review überprüfen, genau lesen 16
revision Neufassung, Revision 37
revocable widerruflich 21, 94
reward Belohnung 27
(to) reword (Text) umformulieren 47
rfp, RfP, RFP s. request for proposal 14
rfq, RfQ, RFQ s. request for quotation 14
riot Aufruhr 45
risk Risiko 20, 28, 29; quantification of

~s Risikoabschätzung 28; **transfer of** ~ Gefahrenübergang 20; **all ~s insurance** Vollkasko 59
road Straße 65
R.O.I. *s.* **return on investment** 6
roll on-roll off ship Ro-Ro-Schiff 62
roll on-roll off vessel Ro-Ro-Schiff 62
ro-ro (ship, vessel) *s.* **roll on-roll-off**
rotation Umlauf, Rotation *(Schiffsroute)* 63
royalty Lizenzgebühr 29
running period Laufzeit *(Kredit)* 22

S

sales Verkauf 53, 73; **after ~ service** Kundendienst 73; **~ department** Vertriebsabteilung, Verkaufsabteilung 53; **~ engineer** Vertriebsingenieur 53
schedule Zeitplan 20, 42, 57, 69; **beyond the ~** hinter dem Zeitplan 69; **delivery ~** Lieferplan 20, 42; **time ~** Zeitplan 20, 42; **~ delays** Zeitverzug 43
schematic Schema 15
scope Bereich, Umfang 19; **~ of supply and services** Liefer- und Leistungsumfang 19
sealed gesiegelt, versiegelt 27
seaport Seehafen 59
secrecy Vertraulichkeit 16; **~ agreement** Vertraulichkeitszusicherung 16
section Hauptabschnitt *(Ausschreibung)* 15
security technique Sicherungstechnik *(Netzwerk)* 34
self-configuration Selbstkonfiguration *(Anlage)* 111
self-service solution Selbstbedienungslösung 111
seller Verkäufer 48
S&FA *s.* **Shipping and Forwarding Agent** 60
shipment Versand 58, 60; **air ~** Luftfracht 59; **marine ~** Seefracht 58; **surface ~** Landtransport 58
Shipping and Forwarding Agent Spediteur, Frachtführer 60
shop Werkstatt 57; **~ test** Fabriktest,

Abnahmetest 57
short list Endrunden-Liste, Shortliste 36
shortage (of) Mangel (an) 3
shortcoming (of) Mangel (an) 3
shortlisted auf die Shortliste gesetzt 36
shortness (of) Mangel (an) 3
side letter Nebenvereinbarung 50
sight payment Sichtzahlung 95
signature Unterschrift 47, 50
silent still 31; **~ consortium** stilles Konsortium 31
similar gleich, vergleichbar 11
single Einzel- 63; **~ cargo** Einzelfracht 63
site Standort, Baustelle, Bauplatz 6, 59, 65; **access to ~** Baustellenzugang 65; **on ~** auf der Baustelle 6, 66, 73; **on ~ facilities** Bedarfsstoffe, Verbrauchsstoffe auf der Baustelle 66; **reinstatement of ~** ordnungsgemäßes Verlassen der Baustelle 65; **~ taking over** Baustelle übernehmen 65
situation Lage *(Situation)* 11; **net worth ~** Vermögenslage 11; **profit ~** Ertragslage 11
sizing Größenordnung, Hauptabmessungen 6
skilled worker Facharbeiter 66
skillness Fertigkeit, Berufserfahrung 67
SOA *s.* **state of the art** 12
soft loans *wörtl.* weiche Kredite *(Kapitalhilfekredite im Rahmen der Entwicklungshilfe, mit langen Laufzeiten und besonders niedrigen Zinsen)* 114
soil Boden 64, 65; **compacting of ~** Verdichtung des Bodens 65; **exchange of ~** Bodenaustausch 65; **~ investigation** Bodenuntersuchung 64
sold units verkaufte Einheiten 11
sole Einzel- 29
(to) solicit (a tender) (einen Tender) herausbringen 15
spare Ersatz- 24, 73; **~ part** Ersatzteil 24, 73; **~ parts service** Ersatzteilservice 73
spc, SPC *s.* **statistic process control** 57
special events besondere Ereignisse *(Höhere Gewalt)* 46

special tool Spezialwerkzeug 24, 66
split Aufteilung, Spaltung 31; ~ **of work**
Aufteilung der Arbeit 31
sponsor Helfer, Promoter, Unterstützer
40
sponsoring Begünstigung, Promotion,
Unterstützung 39
SPS *s.* **Supplier's Procurement Status** 56
stage Zustand 9; **prospecting** ~ *(Projekt)* steht bevor 9; **upstream** ~ *(Projekt)* ist zu erwarten 9
standing Ruf, Ansehen 10
state of the art Stand der Technik 12
state owned in staatlichem Besitz 3
statistic process control Fertigungsüberwachung mit statistischen Methoden 57
status Status, Situation 10, 56
statutory satzungsgemäß, gesetzlich 42;
~ **limitations** gesetzliche Beschränkungen 42
stock Vorrat, Lager 55; **on** ~ **material**
auf Lager liegendes Material 55
strike Streik 45
subcomponent Unterbaugruppe 30
subcontractor Unterlieferant 29, 31; **named** ~ stiller Konsorte 31; **nominated**
~ stiller Konsorte 31
subject to *(einer Bedingung)* unterliegend 24; ~ **prior sales** vorbehaltlich
Zwischenverkauf 24
submission Übergabe, Einreichen 33
suborder Untervertrag *(Vertrag mit einem Unterlieferanten)* 56
subsidiary Niederlassung 40
(to) substitute (by) ersetzen (durch) 47
subsupplier Unterlieferant 29
suitability Eignung 10
superintendent Bauleiter, Montageleiter
67
(to) supersede ersetzen, an Stelle von
treten 17
(to) supervise beaufsichtigen, überwachen 67
supervisor Aufseher, Leiter 67; ~ **engineer** Montageleiter 67
supplier Lieferant 3, 12, 48; ~'s **credit** Lieferantenkredit 22, 96; ~'s **Pro-**

curement Status Stand der Verträge
mit den Unterlieferanten 56
supply Lieferung 19, 51
surveyor Sachverständiger, Gutachter 6
suspension Aufschub, Sistierung 7

T

take-out Herausnehmen 23; ~ **price** separat ausgewiesener Preis 23
target Ziel 35; ~ **price** Zielpreis 35
tax Steuer 23, 28, 47
tba *s.* 1. **to be advised;** 2. **to be agreed** 25
tcd *s.* **tender closing date** 17
T&C's *s.* **terms and conditions** 27
tdd *s.* **tender due date** 17
Technical Inspectorate Abnahmegesellschaft 126
technical specification technische Beschreibung 15, 18, 24
templet Schablone 64
tender Tender, Angebot, Submission,
Lastenheft 13–15, 28; **legal** ~ die gesetzlichen Zahlungsmittel 13; ~ **closing date** Abgabedatum, Tenderdate
17; **deposit** Bietungsgarantie 26; ~
documents Lastenheft, Tender 13; ~
due date Abgabedatum, Tenderdate
17; ~ **guarantee** Bietungsgarantie 26,
104; ~ **procedure** Ausschreibungsphase 9
term Ausdruck, Begriff 20; ~s Bedingungen 20; ~s **and conditions** *(Allgemeine)* Geschäftsbedingungen
(AGB) 27; ~s **of delivery** Lieferstellung, Lieferbedingung(en) 20; ~s **of
payment** Zahlungsbedingungen 21
test Testlauf, Prüflauf 57; **functional** ~
Funktionsprobe 68; ~ **bed** Prüffeld 57;
~ **inspector** Abnahmeinspektor 57;
~ **log** Prüfprotokoll 57
TEU *s.* **Twenty Feet equivalent Unit** 63
throughput Durchsatz, Ausstoß 20, 42
tie-in points Schnittstellen *wörtl.*
Punkte, wo eingebunden wird 32
time Zeit 11, 20, 42; **on** ~ pünktlich 69;
just in ~ auf die Minute genau 69; ~
is of the essence *wörtl.* Zeit ist das

Wesentliche, *sinngem.* mit der Einhaltung der Lieferzeit steht und fällt der ganze Vertrag 20; ~ **schedule** Zeitplan 20, 42
to be advised Klarstellung erwünscht 25
to be agreed Einigung steht noch aus 25
TOD *s.* **terms of delivery** 20
TOP *s.* **terms of payment** 21
transfer of risk Gefahrenübergang 20
transfer of title Besitzübergang 20
transferable übertragbar 21, 95
travelling cost/expenses Reisekosten 71
treshold Obergrenze, Schwelle 29
trial Versuch, Probe 19, 68; ~ **run** Probelauf 19, 68
truck LKW 59
turn key schlüsselfertig 11; ~ **contractor** Lieferant schlüsselfertiger Anlagen 11
turnover Umsatz 10
Twenty Feet equivalent Unit 20-Fuß-Container-Einheit 63
typing error Schreibfehler 17

U

u/g *s.* **underground works** 64
ultimate letzter, End- 52; ~ **destination** Endverbleib 52; ~ **where-about(s)** Endverbleib 52
UMTS *s.* **Universal Mobile Telecommunication System** 111
uncertainties Unvorhersehbares 29
underground works Tiefbau 64
unforseenable(s) Unvorhersehbares 29
Universal Mobile Telecommunication System universell einsetzbares Mobiltelefon/Telekommunikationssystem 111
unquote Zitatende 14
unwillingness Abgeneigtsein 16
upgrading Verbesserung 5
uprating Leistung erhöhen 5
usance Usus, Brauch, Usance 29, 95; ~ **charges** Gebühren für Gewährung eines hinausgeschobenen Zahlungsziels 29; ~ **draft** Nach-Sicht-Tratte 95; ~ **L/C** Akkreditv mit hinausgeschobenem Zahlungsziel 21, 95

user ID Benutzer-Name 34
usurped power Machtergreifung 45
utilities *Pl.* Bedarfsstoffe, Verbrauchsstoffe 66
utility Versorgungsunternehmen 4; **electric** ~ Energieversorgungsunternehmen 4

V

validity Gültigkeit 24; ~ **period** Bindefrist 24
variation order Bestellnachtrag 8
vendor Lieferant, Verkäufer 12, 48; ~ **list** Bieterliste 12; ~ **question form** Fragebogen für den Lieferanten 25
venture Wagnis 30; **joint** ~ Joint Venture *(„gemeinsames Wagnis")* 30
versus *lat.* entgegengesetzt zu 74
vessel Schiff, Dampfer 62
vicelicet *lat.* und zwar (u.z.) 74
visual per Augenschein 57
viz *s.* **vicelicet** *lat.* 74
volume 1. Volumen; 2. Band, Hauptkapitel 15, 20
vs. *s.* **versus** *lat.* 74

W

walkway Gehweg 65
warehouse Lagerhaus, Speicher 63; ~ **receipt** Lagerhausbescheinigung 63; ~ **warrant** Lagerschein 63
warrant Gewähr, Garantie, Vollmacht 63
warranty Gewährleistung 20, 44, 105; ~ **guarantee** Gewährleistungsgarantie 105; ~ **period** Dauer der Gewährleistung 20, 44
(to) waive verzichten, aufgeben 72; ~ **a claim** auf einen Anspruch verzichten 72
waiver Verzicht, Erlassen 72
waste Abfall 20, 42; ~ **emission** Schadstoffausstoß 20, 42
web design Auslegung/Gestaltung von Web-Seiten 109
web site Web-Seite, Seite im Internet 109
weekly wöchentlich 70

Deutsch-Englisch

A

Abdeckung *(Risiko)* coverage 29
Abfahrt departure 63; **voraussichtliche ~** estimated time of departure (etd) 63
Abgaben *(Gebühren)* levies 23
Abgabedatum bid due date (bdd), tender date (td), tender due date (tdd), tender closing date (tcd) 17, 18; **letztgültiges ~** dead line, cutoff date 18
abgezeichnet *(paraphiert)* initialled 27
Abkommen *(Übereinkunft)* agreement 39
Abmessung dimension 64
Abnahme acceptance 57, 68, 72; **~gesellschaft** technical inspectorate 126; **~test** *(Fabriktest)* factory acceptance test (FAT), shop test 57; **~** *(auf der Baustelle)* field performance test (FPT) 57, 68; **~zeugnis** *(endgültiges)* Final Acceptance Certificate (FAC) 68, 72; **~** *(vorläufiges)* Provisional Acceptance Certificate (PAC) 68, 71
Abschluss *(eines Vertrages)* conclusion (of a contract) 48
Abschnitt *(Teil einer Ausschreibung)* section 15
Absicht intent 40
Absichtserklärung *(Kaufabsicht)* Letter of Intent (LOI) 40
Abteilung department 53; **Verkaufs~** sales department 53
Abweichung (von) deviation (from) 19
Abwickler project manager 53
Abwicklung *(eines Auftrages)* order handling, project handling, project follow-up, execution 53; **~sabteilung** order handling department, project handling department 53
Adressierung *(an unbekannt)* „To whom it may concern" 12
AGB *s.* Allgemeine Geschäftsbedingungen 27
Akkreditiv Letter of Credit (L/C) 21, 94; **(nicht)begebbares ~** (non)negotiable L/C 21; **(un)bestätigtes ~** (un)confir-

med L/C 21, 94; **(un)teilbares ~** (in)divisible L/C 21, 94; **(nicht) übertragbares ~** (non)transferable L/C 21, 95; **(un)widerrufliches ~** (ir)revocable L/C 21, 94
Akkreditivauffüllungskonto L/C covering account 52
Akte file 15
Aktiva *(Bilanz)* assets 11
Aktivität activity 57
Akzept *(Annahme eines Wechsels)* acceptance 92
akzeptieren to accept 47
Allgemeine Geschäftsbedingungen (AGB) General Terms and Conditions (GTC) 27
Alternative alternative 19
anbieten to bid, to quote 12, 14, 16
Anbieter bidder 12, 29; **~-Eignung** bidder's suitability 10; **~-Liste** bidder list 12; **Einzel-~** sole bidder 29
ändern to modify 47
Anfangsbuchstaben *(zum Paraphieren eines Vertrages)* initials 27
Anforderung requisition 18
Anfrage enquiry, inquiry 13; **~-Unterlagen** enquiry documents, inquiry documents 13
Angebot bid, quotation, offer, proposal 14, 33, 38; **Fragebogen zum ~** bid clarification questionnaire (BCQ) 36; **Klarstellungs-Meeting betreffend das ~** bid clarification meeting (BCM) 37; **Verlesung der ~e** bid readout 35
Angebotsaufbau extent of offer, structure of offer 18
angepasst adjusted 38
angepasster Preis *(neu bewerteter Preis)* adjusted price 38
Anhang *(zur Ausschreibung)* amendment, annexure, appendix, exhibit, enclosure 15
Anker anchor 64
Ankerbolzen anchor bolt 64
Ankunft arrival 63; **voraussichtliche ~** estimated time of arrival (eta) 63
Anlage *(zu einem Schreiben)* enclosure 49; **~** *(Fabrik, Werk)* facility, plant 4

B

Bahnfrachtbrief railroad way bill, railway bill of lading 61

Balken bar 24, 57; ~plan bat chart 24, 57

Band (als Teil einer Ausschreibung) book, file, volume 15

Bankgarantie bank guarantee 103; ~ für Restrate bank guarantee for retention (bgr) 72

Bankgebühr handling fee 26

Bargeld cash 21, 90; ~ bei Lieferung cash on delivery 21, 90

Barter s. Kompensationsgeschäfte bzw. Tauschhandel 22, 101

Bau (Bauwesen) civil works 24, 64; (Aufbau bzw. Montage) construction, erection 19, 57, 59; ~gruppe component, item 30, 64

Baukostenberater quantity surveyor 6, 85

Bauleiter superintendent, supervisor engineer 67

Baustelle field, site 6, 59, 64, 65; ~ aufmachen/schließen mobilisation/demobilisation 64; ~ übernehmen site taking over 65; auf der ~ on site 6; ordnungsgemäßes Verlassen der ~ reinstatement of site 65

Baustellentest (Abnahmetest) field performance test (fpt) 57, 68

Baustellenzugang access to site 65

Bauteil- und Montageversicherung construction all risks insurance (car) 59

BBÜ = Bauen/Betreiben/Übergeben s. Kompensationsgeschäfte 22, 101

beabsichtigen to intend 16

beanstanden (etwas einfordern) to claim 72

beantragen to call for, to request 17

Bearbeitung handling 26; ~sgebühr handling fee 26

beaufsichtigen (Montage) to supervise 67

Bedarf need(s) 3; ~sstoffe (Baustelle) facilities, utilities (on site) 66

Bedingung condition 15, 22; an ~(en)

geknüpft conditioned 71

Befähigung competence, qualification 67

Begleitbrief (zum Angebot) covering letter 18, 19

Behörde authority 4; staatliche ~ governemental authority 4

Beleuchtung lighting 65

Belohnung reward 27

Benutzername (Internet) user ID 34

Beobachtung (als Inspektor) wittness 58

Bepflanzung planting 65

Beratender Ingenieur consulting engineer, engineer consultant 5, 83

Berater (Konsultant) consultant 5; („Helfende Hand") agent, broker, consultant, jobber, promoter, sponsor 40; ~vertrag consultancy agreement 39

Bereich (Produktbereich) range 11; (Umfang) scope 19

Bereinigung elimination 37

Bereitstellungsgebühr commitment fee 26

Bericht report 11

Besitzer (Eigner, Kunde) owner 48

Besitzübergang transfer of title 20

Besprechung meeting 33, 54; Start-~ kick-off meeting 54; ~sprotokoll minutes of meeting (MOM), records 54

bestätigt confirmed 21, 94

Bestätigung acknowledgement 16

Besteller (Käufer) buyer 22, 97; ~kredit buyer's credit 22, 97

Bestellnachtrag variation order 8

Beton concrete 65; armierter ~ reinforced concrete 65

Betreiber (Anlage) operator 48; ~vertrag Operation & Maintenace Contract (O&M-Contract) 73

Betrieb (Fabrik) works (Pl.) 4; ~ (Anlage) operation 11

Betriebshandbuch maintenance book, Operation Instruction Manual (OIM) 73

Betriebs- und Wartungsdienst Operation and Maintenance Service (O&M-Service) 73

Betriebsweise operational regime 6

Bewehrung (Beton) reinforcement 64, 65

bidder 29; ~fracht single cargo 63
Eisenbahn railroad, railway 59
elektronisch lieferbar e-deliverable 15, 34
elektronisch versandtes Angebot electronic quotation 34
elektronisch versandtes Dokument electronic file 15, 34
elektronischer Marktplatz *(im Internet)* e-market place 110
Empfangsbestätigung acknowledgement of receipt 16
End- final, ultimate 37, 52, 68
Endabnahme final acceptance 68; ~-Zeugnis Final Acceptance Certificate (FAC) 68, 72
Endverbleib ultimate destination, ultimate where-abouts 52; ~-Nachweis proof of ultimate destination, proof of ultimate where-abouts 52
Enthüllung disclosure 16
Entschädigung (für) compensation (for), indemnification (for), indemnity (for) 45
Entwicklungsländer less developed countries (LDC) 51, 112; die ärmsten ~ least developed countries 51, 113
Entwurf draft 41
Ereignis event 46; besondere Ereignisse *(Höhere Gewalt)* special events 46
Erfahrung experience 11
erfüllen to fulfill 35
erhalten *(Vertrag)* to win (the contract) 47
Erklärung declaration 18, 25
Erlös(e) revenue 6; jährliche Netto-~ net annual revenue 6
erneutes Ausschreibungsverfahren *(Wiederholung)* rebid, retendering 35
Errichten *(Anlage)* construction, erection 19, 57, 59
Ersatz- spare 24, 73
Ersatzteil spare part 24, 73
ersetzen to replace, to supersede, to substitute 17, 47
ersuchen to request 17
erteilen (den Auftrag) to award (the contract) 47, 48
Erteilung (des Auftrags) award (of con-

tract), placing (the order) 48; Direkt-~ direct award 7
Ertrag profit 11; ~slage profit situation 11
Ertüchtigung *(Modernisierung)* refit, retrofit, revamping 4
Erweiterung extension 5
erwerben to purchase 47
erzielbar obtainable 6
Exklusivität exclusivity 32
Expertise *(Fachurteil)* expertise 5
Export export 52, 55, 100; ~genehmigung export permission 52
Exporteur exporter 48
Exportkredit export credit 55; ~-Gesellschaft *(staatlich, z.B. HERMES, COFACE usw.)* Export Credit Agency (ECA) 55; ~-Versicherungsgesellschaft export credit guarantee agency 55
Exportlizenz export licence 52

F

Fabrik factory, works *(Pl.)* 4; ~test Factory Acceptance Test (FAT), shop test 57
Facharbeiter craftsman, skilled worker 66
Fähigkeit cabability, capacity, proficiency, qualification 10, 62, 67
Fahrlässigkeit misconduct, negligence 45; grobe ~ intentional misconduct, wil(l)ful misconduct 45
Fahrweise *(Anlage)* operational regime 6
fällig due 12
Fälligkeitsdatum *allgem.* due date 12; *(für Angebote)* bid due date (bdd), tender due date (tdd) 17
Federführer leader, lead manager, pilot, prime bidder, principal, project leader 30, 31
Federführungsgebühr fee for leadership 31
Fehler error 17
fehlerhaftes Führen *(Anlage)* misconduct 45
Fehlverhalten *(vorsätzlich, grobe Fahr-*

lässigkeit) intentional/wil(l)ful misconduct 45
Fertigkeit skillness 67
Fertigstellen completion 20, 21, 42
Fertigstellungstermin completion date 42
Fertigstellungszeit completion time 20
Fertigung fabrication, manufacture 56, 57
Fertigungsterminplan fabrication schedule 57
Fertigungsüberwachung mit statistischen Methoden statistic process control (SPC) 57
Festpreis fixed price, firm price 23
Finanzierung financing 6, 22, 28, 51; ~s-kosten financing cost 28; ~svertrag financing contract 51
Flagge *(Reederei)* flag 62
Flaggenklausel flag clause 62
Fließbild, Fließschema flow sheet 24
Flughafen airport 59
Folgeauftrag repeat order 8
Folgeschaden consequential damage, indirect damage 44
Forfaitierung forfaiture 99
Form *(Status)* status 10
Fortschritt progress 70; ~sbericht progress report 70; ~szahlung progress payment 70
Fracht cargo, freight, lading 58; ~brief bill of lading (b/l) 61; ~führer *(Spediteur)* Forwarding Agent (FA), Shipping and Forwarding Agent (S&FA) 60; ~stück collo, package 60, 63, 65
Fragebogen questionnaire, (vendor) question form 25, 36
frei Bord *(INCOTERMS)* free on board (FOB) 59, 88
Freigabe approval, release 28, 60
Freihandvergabe (pre)negotiated deal 7
Freistellung (von Steuern) (tax) exemption 47
Frist *(Angebotsabgabe)* due date 12; allerletzte ~ dead line 18
Führung (eines Projektes) übernehmen to front (the project) 31; ~szeugnis non objection certificate 67

Fundament foundation 64, 65; ~belastung foundation load 64
Funktionsprobe functional test 65

G

Garantie *(zugesagte Eigenschaft/Leistung)* guarantee 19; *(Bankgarantie)* bank guarantee, bond 19, 26, 50; ~ über Lieferung innerhalb einer vorgegebenen Zeit call out guarantee 20; ~werte guarantee values 19
Gebäude building 65
Gebühr fee, charge 16, 23, 24, 26, 29, 31
geeignet convenient 37
Gefahrenübergang transfer of risk 20
Gegenforderung offset 22, 102
Gegengeschäft countertrade 22, 101
Gegenhandel countertrade 22, 101
Gehweg walkway 65
Geld(mittel) cash 11; verfügbare ~ *(eines Unternehmens)* cash flow 11
gemäß according to 66, 87
Gemeinkosten overheads 28
gemeinschaftlich joint 30, 32
Genehmigung approval 66
Generalunternehmer (GU) general contractor (gc), main contractor (mc), managing contractor (mc) 31, 84
Gericht *(Schiedsgericht)* court (of arbitration) 41; ~sort place of arbitration 41
Gesamtpreis lump sum price, overall price 23
Gesamtprokura general Power of Attorney 25
Gesamtsumme lump sum 23
Gesamtübersicht *(Lageplan)* overall layout 64
Geschäftsbedingungen Terms and Conditions (T&C) 27; Allgemeine ~ (AGB) General Terms and Conditions (GTC) 27
Geschenk gift 27
Gesellschaft company 4; ~sform *(Firma)* legal status 10; ~sitz legal domicil 10
Gesetz law 41; ~gebung legislation 29

Gesichtspunkt aspect 6, 10, 11
Gesprächsergebnis *(Verhandlung)* memorandum of understanding (MOU) 54
Gestaltung von Web-Seiten web design 109
Gewähr warrant 63; ~leistung warranty 20, 44, 105; Dauer der ~leistung warranty period 20, 44; ~leistungsgarantie warranty guaranty 105
gewähren *(Aufschub)* to grant 18
Gewalt force 45; Höhere ~ force majeure, Acts of God 45
Gewinn profit 29; ~spanne profit margin 29; ~- und Verlustrechnung profit and loss accounts 10
gezieltes Zugehen *(eines Herstellers)* auf einen Kunden one-to-one marketing 111
gleich similar 11
Gleitpreis floating price 23
Grenze limit 19
Größe *(Projekte)* magnitude 6
Größenordnung sizing 6
„Grüne Wiese" green field, grass route 4; Anlage auf der ~ grass route installation, green field site 4
grünes Licht *(Projekt)* go ahead *wörtl.* vorangehen, letter to proceed (ltp), notice to proceed (ntp) 7
Gültigkeit validity 24; ~sdauer validity period 24
Gutachten expertise 5
Gutachter surveyor 6
Güter *(Liefergüter)* goods 53; zweifach verwendbare ~ *(zivil/militärisch)* dual use goods 53

H

Hafen harbour 59
Haftpflicht liability 32, 43, 44; Begrenzung der ~ limitation of liability (lol) 44
Haftpflichtansprüche claims for liability 44
Haftung liability 32, 43, 44; gesamtschuldnerische ~ joint and several liability 32
Handbuch manual 73
Handel/Geschäfte über Internet zum Endverbraucher b to c, b2c 108
Handel/Geschäfte von Firmen untereinander über Internet b to b, b2b 108
„Handel zu Handel" business to business 108
„Handel zum Verbraucher" business to customer 108
Handelsrechnung commercial invoice 61
Handelsregister registration file 11
Handlungsbevollmächtigter proxy 25; ~ mit Gesamtprokura proxy with general PoA 25
Handlungsvollmacht Power of Attorney (PoA) 19, 25
Härte hardship 46; ~klausel hardship clause 46
Haupt-, hauptsächlich main, master, prime 11, 15, 65, 84
Hauptabschnitt *(Ausschreibung)* section 15
Hauptaktivitäten main activities 11, 57
Hauptkolli *(Transport)* main packages 65
Hebefähigkeit lifting capacity 62
Hebezeug lifting tackle 66
Helfer *(„helfende Hand" bei Geschäftsanbahnungen)* promotor, broker, sponsor, consultant, agent, jobber 40
herausbringen *(Ausschreibung)* to float, to publish, to release, to solicit 15
Herkunft *(Lieferung)* origin 56
Herstellerhaftung manufacturer's liability 43
Herstellung fabrication, manufacture, production 28, 56; ~skosten production cost 28
Hilfskraft helper 66
hinausgeschoben *zeitl.* deferred 21, 95
hinter *zeitl.* beyond 69; ~ dem Zeitplan beyond the schedule 69
Hochbau above ground works, over ground works (o/g) 64
Höhere Gewalt force majeure, Acts of God 45, 46

I

Import import 53; ~lizenz *(Einfuhrbescheinigung)* import licence 53
Importeur importer 48
Inbetriebnahme commissioning 19, 65
Ingenieurgesellschaft *(„Beratende Ingenieure")* Engineer Consultant, Consulting Engineer 5, 83; *(Planung und Ausführung)* Architects & Engineers (A/E), EPC-Contractor 5, 84
Inkrafttreten *(Vertrag)* coming into force 50
Innen-Aufstellung indoor installation 6
Inspektion inspection 57, 73, 127; *(durch Dritte)* third party inspection 127; *(als Sichtprüfung)* visual inspection 57; ~smaßnahmen inspection activities 57; ~szeugnis certificate of inspection 58
Instandhaltung maintenance 73
Internationale Bank für Wiederaufbau und Entwicklung s. Weltbank 117
Internationale Handelskammer International Chamber of Commerce (ICC) 87
Internationaler Bund der Beratenden Ingenieure FIDIC (Fédération des Ingénieurs-Conseils) 86
Internationaler Währungsfonds (IWF) International Monetary Fund (IMF) 120

J

Jahres-, jährlich annual 6, 11
Jahresbericht *(Firma)* annual report 11
jährliche Erlöse annual revenue 6
juristisch legal 10, 49

K

Kabelkanal cable duct 64
Kapitalhilfe capital aid 51
Kasse *(Zahlung)* cash, payment 61; ~ gegen Dokumente cash against documents (c/d), payment against documents (p/d) 61, 92
Katalog *(Werbematerial)* brochure,

pamphlet 24
Kaufabsichtserklärung Letter of Intent (LOI) 40
Kaufagent buying agent 5, 85
kaufen to purchase 47
Käufer *(Kunde)* buyer, customer, purchaser 3, 48
kaufmännisch commercial 6, 10, 15
Kennwort password 34
Kern core 11; ~geschäft core business 11
Klarstellung clarification 37
Klausel clause 8, 23, 30, 32, 46, 62
Klient *(s.a. Kunde)* client 48
Kofinanzierung co-financing 117
Kompensationsgeschäft(e) compensation business 22, 100
Kompromiss eingehen to compromise 47
Konferenz-Linie conference line 62
Konflikt conflict 41, 45
Konkurrent s. Mitbewerber 36
Konkurrenz s. Wettbewerb 36
Konossement s. Seefrachtbrief 61
Konsorte party to a consortium 31; stiller ~ named subcontractor, silent subcontractor 31
Konsortium consortium 30, 31; offenes ~ open consortium 31; stilles ~ silent consortium 31
Konsortialpapier consortium paper 33
Konsortialvereinbarung consortium agreement 31
Konsortiumsmitglied party to a consortium, member of a consortium 31
Konto account 52; treuhänderisches ~ escrow account 52
Konventionalstrafe liquidated damages (LD's) 42, 69
Körperschaft *(Organisation)* body 4
Kost *(Verpflegung)* boarding 71; ~ und Logis boarding and lodging 71
Kosten cost 28, 71; ~ und Fracht *(INCOTERMS)* Cost & Freight (CFR) 59, 88; ~/Versicherung/Fracht Cost/Insurance/Freight (CIF) 59, 88
Kostendeckungspunkt break even point 6
Kraft force 50

Kran crane 66
Kunde *(Käufer)* buyer, client, customer, purchaser 3, 38, 48; **potentieller ~** potential customer 3; **~nakquise** *(und -betreuung über Internet)* Customer Relationship Management (CRM) 108
Kundendienst after sales service, customer service, customer support, field support service 73; **~-Center** customer support center (CSC) 73; **~ingenieur** field service engineer 73
Kundenkredit buyer's credit 22, 97
künftig potential, prospective 3
(mit) Kurierdienst (zugestellt) couriered 33
Kurve *(Kennlinie)* curve 24

L

laden/löschen *(Schiff)* lift-on/lift-off (lo/lo) 62
Lage *(Situation)* situation 11
Lageplan- (overall) layout 64
Lager(haus) stock, warehouse 63; **~bescheinigung** warehouse receipt (w/r) 63
Lagermaterial on-stock material 55
Lagerschein warehouse warrant (w/w) 63
Landtransport inland transportation, surface shipment 59
langfristig long term 73
Lärm noise 20, 42; **~abgabe** noise emission 20, 42
Lastenheft *(Ausschreibung)* tender documents, tender, enquiry documents, inquiry documents 13
Laufzeit *(Kredit)* running period 22
Lebensdauer life time, life cycle 6
Lebenslauf bio data, curriculum vitae (c/v) 67
Leistung outcome, output, capacity, performance 20, 42, 43; **~ erhöhen** upgrading, uprating 5; **erzielbare ~** obtainable output/outcome 6; **Nichterreichen von ~** performance shortfall 43
Leistungsnachweis performance test

certificate (PTC) 58
Leistungspönale performance penalty 69
Leistungstest acceptance test, performance test 57, 68; **~ vor Ort** *(Baustelle)* field performance test (fpt) 68; **~ im (Hersteller-)Werk** factory acceptance test (fat), shop test 57
Lieferant supplier, contractor, vendor 3, 11, 12, 48
Lieferantenkredit supplier's credit 22, 96
Lieferausschlüsse exclusions from supply 19
Lieferbedingungen terms of delivery (TOD) 20
Liefergarantie delivery guarantee 51, 105, 106
Liefergrenze(n) einer Gesamtlieferung limit(s) of supply 19
Liefergrenze(n) einer großen Baugruppe battery limits (B/L) 19
Liefergut good(s), hardware 19
Lieferplan delivery schedule 20, 42
Liefer- (und Leistungsumfang) scope of supply (and services) 19
Lieferung delivery, supply 11, 16, 20, 42, 51, 53, 58, 61; **ratierliche ~** pro rata delivery 61
Liefervertrag supply contract 51
Lieferzeit delivery time 11, 20; **Teil mit langer ~** long lead item
Liste list 8, 9, 11, 12, 36; **~ der Endrundenteilnehmer** short list 36; **Schwarze ~** black list 8, 9
Lizenz *engl.* licence, *amerik.* license 24; **~gebühr** royalty 29
LKW truck 59
LKW-Frachtbrief CMR (convention relative au contrat de transport international de marchandise par route) 62
Logistik logistics 6
Luftfracht air freight, air shipment 59; **~brief** air bill of lading, air way bill (awb) 62

M

Malus *(Angebotsbewertung)* malus 38

Mangel 1. defect, deficiency; 2. lack (of), shortage, short-coming, shortness 3, 43, 68; **verdeckter** ~ hidden defect, latent defect 68
Marge *(Spanne)* margin 29
maßgebend prevailing 46
Material material 28, 55; ~kosten material cost 28
Mauerwerk brickwork 65
Meilenstein *(markanter Punkt im Projektablauf)* milestone 97
Menge quantity, volume 20
Merkmal *(technische Kenngröße)* feature 69
Ministerium ministry 4
Mischfinanzierung mixed financing 116
Missverständnis misunderstanding 37
Mitbewerber *(„Konkurrent")* competitor 36
Mitglied member 31
Modernisierung modernisation 4
monatlich monthly 70
Montage *(Werk)* assembly 57; ~ *(Baustelle)* erection, construction 19, 57, 65; ~fortschritt progress of (erection) work 70; ~leiter supervisor (engineer), superintendent 67; ~versicherung erection all risks insurance (ear) 60
Mörtel mortar 65
Muttergesellschaft parent company 10

N

Nachbessern refurbishment, rehabilitation, revamping, upgrading 4
Nachlässigkeit *(beim Betrieb einer Anlage)* negligence, misconduct 45; **grobe** ~ wil(l)ful misconduct, intentional misconduct 45
Nachrüsten *(Anlage)* rehabilitation 4
Nachtrag *(zur Ausschreibung)* addendum 17
Nachweis proof 52
Nebenvereinbarung *(Vertrag)* side letter 50
Neuentwicklung prototype 11
Neufassung *(Text)* revision 37

nicht not 25; ~ zutreffend *(bei Fragen)* not applicable (n.a.) 25
Niederlassung *(Firma)* subsidiary, branch office 40
Norm code 42

O

Obergrenze *(bei Preisgleitung)* ceiling, treshold 29
offen open 31; ~es Konsortium open consortium 31
Offenlegung *(v. Interna)* divulgement 16
öffentlich public 14, 35
(in) öffentlichem Besitz publically owned 3
Option option 19
Ordernachtrag change order 8
Organisationsplan organigram, organisational chart 11

P

Packliste colli list, packing list 60
Packstück collo *(Pl.)* colli, package 60
Paket package 32; **Teil-**~ *(vom Gesamtvorhaben)* work package (wp) 32
paraphieren to initial 27
passend *(geeignet)* convenient 37
Passiva *(Bilanz)* equity and liabilities 11
Personal *(Schlüsselposition)* key personnel 11
Pfahlgründung piling 65
Pfand *(hier: „treuhänderisch")* escrow 52
Pflicht *(Verantwortlichkeit)* liability 44
Planierung levelling 65
Pönale *(Vertragsstrafe)* penalty 42, 69; **mit ~ belegen** to penalise 42
Position point, position 41; **nicht verhandelbare ~** breaking point 41
Post mail 34; **per ~ zusenden** to mail 34
Posten *(aus einer Menge)* item 41
potentiell potential, prospective 3
Präqualifikation prequalification 10, 12; **(sich) präqualifizieren** to prequalify (oneself) 12
Preis price 8, 23, 35, 37–39; **allerletzter** *(äußerster)* ~ rock-bottom price 39;

bewerteter ~ adjusted price 38; **separat ausgewiesener** ~ take-out price 23
Preisanpassung price adjustment 23
Preisanstieg *(Preisgleitung)* price escalation 23
Preisaufgliederung price break down 23
Preisgleitung price escalation, price adjustment 8, 23
Preis/Mengengerüst bill of quantities 23
Preisstaffelung price scaling 23
Preisübersichtsblätter price sheets 18
Preisvorbehalt reservation clause 24
Preiswürdigkeit competitiveness of price 8
Probe trial 68; ~**betrieb** trial run 68; ~**lauf** trial run 19
Produkt product 11; ~**palette** product range 11
Produktion production 56
Profil *(Unternehmen)* profil 10
Profit *(-Erwartung)* profits 6
Proformarechnung proforma invoice 61
Projekt project 9; ~**leiter** project manager 53; ~**phase** project identification 3; ~**verantwortlicher** person in charge (pic), project manager (pm) 54
Prokurist (mit Gesamtprokura) proxy with General POA 25
Promoter *(Unterstützung bei Geschäftsanbahnung)* agent, broker, consultant, jobber, promoter, sponsor 40
Protokoll minutes of meeting (MOM), process verbal, records 54; ~ **führen** to take the minutes 54; **nicht für das ~ bestimmt** off the records 54
Prototyp prototype 11
Provision *(Handgeld)* commission 27, 40
Prüffeldlauf *(Werk)* factory acceptance test (FAT), shop test 57
Prüfung review 58

Q

Qualifizierung qualification 10, 12; **nachträgliche** ~ postqualification 10, 12
Qualität quality 25, 57; ~**süberwachung** quality control (QC) 25
Qualitätssicherung quality assurance (QA) 25, 57; ~**sprogramm** quality assurance program (QAP) 57
Quantifizierung quantification 28

R

Rangfolge *(von Dokumenten)* hierarchy, ranking, order of precedence 49, 50
Rate instalment, decrement, increment, (pro) rata 21; **pro** ~ **(Lieferung/Zahlung)** pro rata (delivery/payment) 21, 61
Rechnung bill, invoice 61
Recht law 41; **anwendbares** ~ applicable law, body of law, governing law 41
Rechts- legal 49
Rechtsgutachten legal opinion 49
Rechtsträger *(Unternehmen)* entity 4
Referenzliste reference list 11
Reihenfolge *(von Dokumenten)* s. **Rangfolge** 49, 50
Reisekosten travelling cost, travelling expenses 71
Rentabilität profits, profitableness, return on investment 6; ~**sschwelle** break even point 6
Reparatur repair 73
Restpunkteliste punch list 71
Restteil *(bei Beschreibung einer Gesamtanlage)* balance of plant (BOP) 32
Revision revision 37
Richtangebot budget(ary) proposal 8
Richtpreis budget(ary) price 8
Risiko risk 29; ~**abschätzung** quantification of risk(s) 28
Ro-Ro-Schiff roll-on/roll-off ship/vessel 62
Rückbehalt *(Geldbetrag)* retention money 72, 106
Rückkauf buy back 22, 101
Rückzahlungsrate *(Kredit)* instalment 22
Ruf *(Ansehen)* rating, ranking, standing 10

S

Sachkenntnis expertise 5

Sachverständiger surveyor 6
Sammelfracht consolidation 63
Satz *(Rate)* rate 70
satzungsgemäß statutory 42
Schablone templet 64
Schaden damage *Sing.* 43, 44; ~ **verursachen** to cause damage 43; **direkter** ~ direct damage 44; **indirekter** ~ *(Folgeschaden)* consequential damage, indirect damage 44
Schadenersatz damages *Pl.* 43; ~ **leisten** to pay damages 43
Schadstoffausstoß waste emissions 20, 42
Scheck *engl.* cheque, *amerik.* check 91
scheitern *(Projekt)* to strand 55
Schema schematic 15
Schiedsgericht court of arbitration 41; ~**sklausel** arbitration clause 32; ~**s-ort** place of arbitration 42
Schiedsspruch arbitration 32
Schiff liner, ship, vessel 62; ~ **mit** **Schwergutgeschirr** back-up ship 62; **Ro-Ro-**~ roll-on/roll-off ship, roll-on/roll-off vessel 62
Schiffsroute/Schiffsumlauf rotation 63
Schlussdatum *(Angebotsabgabe)* cut-off date, deadline 18
Schlüssel key 11
schlüsselfertig (Anlage) turn-key (plant) 11
Schmiergeld bribe 27
Schnittstelle tie-in point 32
Schreibfehler typing error 17
Schwarze Liste black list 8, 9; **auf der** ~ **stehen** to be blacklisted 8
Schweißmaschine welding machine 66
schwer heavy 62
Schwerlastteil heavy lift 62
Seefracht ocean freight, sea freight, marine shipment 58; ~**brief** marine bill of lading, ocean bill of lading 61; ~**empfangsbescheinigung** liner way bill 61
Seehafen seaport 59
Seite *(Internet)* home page, web site 109
Selbstbedienungslösung self-service solution 111

Selbst-Konfiguration *(Anlage)* self-configuration 111
Senkungsrate *(E-Auktion)* decrement 110
Sicherungstechnik *(Internet)* security technique 34
Sichtzahlung sight payment 95
Solawechsel promisory note 92
Sozialversicherung social insurance 67
Spanne margin 29
Spätestfrist latest date 20
Spedition, Spediteur forwarding agency/agent, shipping & forwarding agent (S&FA) 60
spezial special 24, 66
Spezialwerkzeug special tool(s) 24, 66
Spezifikation specification 15, 18, 24; **Technische** ~ technical specification 15, 18, 24
staatlich governemental 3, 4; ~**e Behörde/Stelle** governemental authority/agency 4; **in** ~**em Besitz** state owned 3
Stadtverwaltung municipality 4
Stand *(Situation)* state, status 12, 56; ~ **der Technik** state of the art (SOA) 12; ~ **der Verträge mit den Unterlieferanten** sub-order status, supplier's procurement status 56
Start-Aufforderung *(„Grünes Licht")* letter to proceed (LTP), notice to proceed (NTP), go-ahead 7
Startbesprechung kick-off meeting 54
Steigerungsrate *(E-Auktion)* increment 110
Steuer assessment, tax 23, 24, 28, 47
Steuerung/Regelung controls 24
still silent 31
Strafsumme fine 23
Straße road 65
Streik strike 45
Subsidiärklausel back-to-back clause 30
Summe sum 23; ~ **über alles** lump sum 23

T

Tagesordnung agenda, order of business, order of the day 54

Tagessatz *(Auslösung)* daily rate, per diem rate 70
tatsächlich actual 71; nach ~em Aufwand based on actuals 71
tauschen to barter 101
Tauschhandel barter, barter business, barter trade 22, 101
Teil part 24, 49
teilbar divisible 21, 94
Teilnahme *(Ausschreibung)* participation 26; *(Beobachter/Inspektor)* witness 58
teilnehmen *(Besprechung)* to attend (a meeting) 54; *(Aktion)* to participate 16
Teilnehmer *(Besprechung)* attendee 54
Tenderdate *s.* Abgabedatum 17, 18
teuer expensive 36
Tiefbau under ground works (u/g) 64
Tragfähigkeit lifting capacity 62
Transportunternehmen forwarding agent/agency, shipping and forwarding agent (S&FA) 60
Tüchtigkeit *(Fähigkeit)* proficiency 67
Tumult *(Aufruhr)* commotion 45

U

Übereinkunft *(Gesprächsergebnis)* memorandum of understanding (MOU) 54
Übereinstimmung compliance, conformity 35, 60; in ~ mit in compliance with, conforming to 35; ~sbescheinigung note of conformity 60
überfällig *(verspätet)* overdue 13
Übergabe *(Angebot)* submission 33
übergeben *(Angebot)* to carry 33; von Hand ~ to hand carry 33
Überholung overhaul 73
Übernahme *(Anlage)* taking over, acceptance 68; endgültige ~ final taking over (fto), final acceptance 72; vorläufige ~ provisional take over (pto) 68
überprüfen *(Unterlagen)* to review 16
Überprüfung examination, review 58
übertragbar transferable 21, 95

überwachen *(Montage)* to supervise 67
Umbau *(Anlage)* conversion 4
Umfang *(Ausdehnung)* extent 18; *(Größenordnung)* magnitude 6
umformulieren *(Text)* to reword 47
Umrüstung *(Umbau)* conversion 4
Umsatz sales, turnover 10
Umschlag envelop 27; versiegelter ~ sealed envelop 27
Umwelt environment 6
Umzäunung fencing 65
Ungenauigkeit inaccuracy 16
Universell einsetzbares Mobiltelefon/ Telekommunikationssystem Universal Mobile Telecommunication System (UMTS) 111
Unstimmigkeit discrepancy 17
Unterbaugruppe subcomponent 30
Unterlieferant subcontractor, subsupplier 29, 56
Unternehmer *(Kunde, Auftraggeber)* company 48
Unterschrift signature 47, 50
Untersuchung examination, investigation 58, 64
Untervertrag suborder 56
Unvorhersehbares (UV) contingencies, uncertainties, unforseenables 29
unzureichend *(Angebot)* poor 36
Ursprung origin 10, 56; ~szeugnis certificate of origin 56
Usus *(Brauch)* usance 95

V

verantwortlich (für) in charge (of) 54
Verantwortlicher *(Projekt)* person in charge (pic) 54
verbessern *(Preise)* to refine 37; *(Anlagenzustand)* upgrading, uprating 4, 5
Verbindlichkeit *(Garantie)* bond 26
Verbindung liaison 40; ~sbüro liaison office 40
Verbleib *(Ziel)* destination, whereabouts 52
verdeckt hidden, latent 68
Verdichten (des Bodens) compacting (of soil) 65

Vollständigkeit completeness 16
Volumen quantity, volume 20
voraussichtlich estimated 63
Vorauswahl preselection 36
Vorauswertung pre-evaluation 35
Vorbehalt reservation 24
vorbehaltlich reserved, subject to 24;
~ Zwischenverkauf prior sales reserved, subject to prior sales 24
vorbereiten to prepare 18
Vorgabe *(Zielsetzung)* objective 6
vorherig prior 24
vorherrschend prevailing 46
vorläufig preliminary, provisional 41, 68
Vorlaufzeit *(Fertigung)* lead time 20;
Teil mit langer ~ long lead item 20
vorsätzlich intentional, wil(l)ful 45
vorsehen to provide 40
Vorstandsvorsitzender *engl.* Chairman of the Board (CHB), *amerik.* Chief Executive Officer (C.E.O.) 11
Vorteil advantage 27

W

Wagnis venture 30; „gemeinsames ~" joint venture 30
Wahlmöglichkeit option 19
Währung currency 29; ~srisiko currency exchange risk 29
Wareneingangsbescheinigung delivery verification certificate 53
Wartung maintenance 73; ~sfreundlichkeit maintainability 11; ~shandbuch maintenance book, Operation Instruction Manual (OIM) 73
Web-Seite *(Internet)* home page, web site 109
Wechsel *(Zahlungsmittel)* bill 91; gezogener ~ bill of exchange, draft 91; *(Wechselkurs)* exchange 29
Wechselkurs-Risiko currency exchange risk 29
Weltbank *Kurzf.* World Bank, *offiz.* International Bank for Reconstruction and Development (IBRD) 117
Wenn/Dann-Klausel If-and-when-clause 30

Werben *(Internet)* netvertising 109
Werk plant, works (Plural) 4, 59, 88; ab ~ ex works 59, 88
Werkstatt (work)shop 57
Wesentliche essence 20; „Zeit ist das ~" *(mit der Lieferzeit steht und fällt der Vertrag)* time is of the essence 20
Wertzuwachs increment 38
Wettbewerb *(„Konkurrenz")* competition 36; im ~ stehen (mit) to compete (with) 36
Wettbewerbsfähigkeit competitiveness 8
wettbewerbsmäßig competitive 14
widerruflich revocable 21, 94
Widerspruch contradiction 17, 41; im ~ (zu) in contradiction (to), in conflict (with) 41
Wiederholung *(Ausschreibung)* rebid, retendering 35
Wiese *(Grasnarbe)* green field, grass route 4; Anlage auf der „Grünen ~" grass route installation, green field site 4
Wirkungsgrad efficiency 6, 20, 42
wöchentlich weekly 70
Wohncontainer portacabin 66

Z

zahlen *(Zahlung ausführen)* to bill 71
Zahlung payment 21, 61, 70; hinausgeschobene ~ deferred payment 21, 95; monatliche ~ monthly payment 70; ratierliche ~ pro rata payment 61; reine ~ clean payment 91; wöchentliche Zahlung weekly payment 70; ~ bei Lieferung cash on delivery 21, 90; ~ nach Ereignissen milestone payment 70; ~ nach tatsächlichem Aufwand billed at cost 71
Zahlungsbedingungen terms of payment (TOP) 21
Zahlungsgarantie payment guarantee 106
Zahlungsmittel *(offiziell)* legal tender 13
Zeichnung drawing 15, 24, 66; ~ „wie gebaut" as-built drawing 66